Grundlegende Forschung über die Herstellung von Nanopartikeln

Bingheng Lu
(Hrsg.)

Grundlegende Forschung über die Herstellung von Nanopartikeln

ZHEJIANG UNIVERSITY PRESS
浙江大学出版社

Springer Vieweg

Hrsg.
Bingheng Lu
Xi'an Jiaotong University
Xi'an, China

ISBN 978-3-662-69234-9 ISBN 978-3-662-69235-6 (eBook)
https://doi.org/10.1007/978-3-662-69235-6

Die Deutsche Nationalbibliothek verzeichnet diese Publikation in der Deutschen Nationalbibliografie; detaillierte bibliografische Daten sind im Internet über https://portal.dnb.de abrufbar.

B&R Program

Übersetzung der chinesischen Ausgabe: „纳米制造的基础研究" von Bingheng Lu, © Zhejiang University Press 2020. Veröffentlicht durch Zhejiang University Press. Alle Rechte vorbehalten.

Dieses Buch ist eine Übersetzung des Originals in Englisch „Fundamental Research on Nanomanufacturing" von Bingheng Lu, publiziert durch Springer Nature Singapore Pte Ltd. im Jahr 2023. Die Übersetzung erfolgte mit Hilfe von künstlicher Intelligenz (maschinelle Übersetzung). Eine anschließende Überarbeitung im Satzbetrieb erfolgte vor allem in inhaltlicher Hinsicht, so dass sich das Buch stilistisch anders lesen wird als eine herkömmliche Übersetzung. Springer Nature arbeitet kontinuierlich an der Weiterentwicklung von Werkzeugen für die Produktion von Büchern und an den damit verbundenen Technologien zur Unterstützung der Autoren.

Springer Vieweg ist ein Imprint der eingetragenen Gesellschaft Springer-Verlag GmbH, DE und ist ein Teil von Springer Nature.
Die Anschrift der Gesellschaft ist: Heidelberger Platz 3, 14197 Berlin, Germany

Wenn Sie dieses Produkt entsorgen, geben Sie das Papier bitte zum Recycling.

Vorwort

Heutzutage erlebt die Welt die rasche Entwicklung von Wissenschaft und Technologie und den heftigen Wettbewerb um Spitzentechnologien. Nur diejenigen, die die Führer der wissenschaftlichen und technologischen Entwicklung und Innovation sind, können an der Spitze der weltwirtschaftlichen Entwicklung stehen. Als wichtige Säule der nationalen wirtschaftlichen Entwicklung ist die Fertigungsindustrie die „schwere Waffe des Landes", um Modernisierung und Entwicklung zu verwirklichen. Einerseits verlassen wir uns bei der Weltraumerforschung im interstellaren Lichtjahrbereich, wie beispielsweise ausgereiftere Erdbeobachtungssatelliten, bemannte Raumfahrzeuge, Raumstationen, neue Sonnensegel, Mikronanosatelliten, Satellitendetektoren, auf großtechnische Nano präzisionsfertigungstechnologie, um die Erforschung des Weltraums durch den Menschen und das Verständnis der Natur des Universums maßgeblich zu unterstützen. Auf der anderen Seite werden für die Analyse und die Konstruktion auf molekularer und atomarer Ebene, wie z. B. biomolekulare Motoren, Nanomotoren, Nanoroboter, molekulare photoelektrische Bauteile, Nanoschaltkreise, Nanosensoren, nanointelligente Bauteile und Systeme, Konstruktion von Materialien, Strukturen, Geräten und Systemen die Fertigungstechnologien auf atomarer Ebene genutzt, z. B. durch Hinzufügen von Materialien, Reduzieren von Materialien oder Modifizieren von Materialien, was eine wichtige Grundlage für die Erforschung des Wesens von Leben und Materie durch den Menschen darstellt. Daher ist es sowohl für die großtechnische Nanopräzisionsfertigung (Ultra-Präzision) als auch für die Nanoskalenfertigung in atomarer Größe von großer Bedeutung, neue Methoden und Technologien für die Nanofertigung zu entwickeln. Dies ist von großer Bedeutung für viele Bereiche wie IT, Materialien, Umwelt, Energie, Biomedizin, Luft- und Raumfahrt und nationale Verteidigungssicherheit. Es ist eine wichtige Garantie für die zukünftige strategische Ausrichtung des Landes, die Entwicklung von aufstrebenden Industrien und die Anpassung und Modernisierung der Wirtschaftsstruktur.

Die Entwicklung von Nanofertigungsprozessen und -technologien hat es ermöglicht, dass Fertigungsobjekte vom Makroskop zum Mikroskop und Nanoskop übergehen, was nicht nur die Fertigungsgenauigkeit und -qualität erheblich verbessert, sondern auch den Skalenbereich der Fertigungstechnologie enorm erweitert. Die Anwendung von Nanotechnologie zur Erlangung der Entdeckungs- und Forschungsergebnisse auf Mikro- und Nanoebene wird dazu beitragen, eine chargenweise und konsistente Herstellung von Mikro- und Nanoprodukten zu erreichen, wodurch Materialprodukte verbessert und Materialien und Energie erheblich eingespart werden. Die Forschung zur Nanofertigung wird Interdisziplinarität fördern sowie neue Fertigungstheorien und -methoden entwickeln, um die Forschung der Fertigungswissenschaft zu stärken und zu vertiefen.

Um die Innovationsfähigkeit der Nanofertigung in China zu verbessern, hat die National Natural Science Foundation of China (NSFC) im Jahr 2010 offiziell den Major Research Plan „Fundamental Research on Nanomanufacturing" gestartet. Mit Blick auf die Spitzenentwicklung der Nanofertigung, orientiert an den großen nationalen Bedürfnissen und konzentriert auf Fertigungsmethoden auf der Grundlage von physikalischen/chemischen/biologischen Prinzipien, sind wir bestrebt, das Wachstum von Nanostrukturen, die Bearbeitung, Modifikation, Montage und andere neue Nanofertigungsmethoden und neue Prozesse sowie die Struktur im Nanoskalenfertigungsprozess zu erforschen. Wir haben das Leistungsentwicklungsgesetz von Strukturen und Geräten im Prozess der Nanoskalenfertigung untersucht, um die originalen neuen Prinzipien und Methoden der Nanofertigung zu bilden und das Niveau der Nanofertigung in China zu verbessern. Und all diese Anstrengungen werden unternommen, um das Engpassproblem der Fertigungstechnologie in China zu lösen.

Dieser Major Research Plan folgt der Gesamtidee von „abgestecktem Ziel, dauerhafter Unterstützung, integrierter Verbesserung und Sprungentwicklung", konzentriert sich auf die großen strategischen Bedürfnisse der nationalen Wirtschaft, der sozialen Entwicklung und der Forschungsfront und kombiniert die Top-Level-Designberatung von Experten mit der kostenlosen Unterstützung von wissenschaftlichem und technischem Personal, um eine überlegene Stärke zu erreichen und eine Projektgruppe mit relativ einheitlichen Zielen oder Richtungen zu bilden. Durch das relativ stabile und sichere Maß an Unterstützung fördert es aktiv die interdisziplinäre Entwicklung, bildet innovative Talente aus und realisiert in mehreren Schlüsselbereichen bzw. wichtigen Richtungen einen Sprung in der Entwicklung, wodurch die grundlegende Forschungsinnovationsfähigkeit Chinas gestärkt und wissenschaftliche Unterstützung für die nationale wirtschaftliche und soziale Entwicklung bereitgestellt wird.

Während der Durchführung des Major Research Plan „Fundamental Research on Nanomanufacturing" wurden 153 Projekte (darunter 4 Integrationsprojekte, 24 Schlüsselunterstützungsprojekte, 121 Förderungsprojekte und 4 strategische Forschungsprojekte) nach Prüfung durch Expertenmitteilungen und Konferenzen finanziert. Die geförderten Projekte konzentrieren sich auf fünf Richtungen, darunter die Herstellung von Nanostrukturen auf der Grundlage von physikalischen/chemischen/biologischen Prinzipien, die Nanopräzisionsfertigung von Makrostrukturen, die integrierte Fertigung von Strukturen und Geräten auf Makroskala, Mikroskala und Nanoskala, die Bewertung und Messung der Nanofertigungspräzision und die Ausrüstungs- und Plattformtechnologie der Nanofertigung. Die Überschneidung der Fertigungswissenschaft mit Mathematik, Chemie, Informatik, Biologie und anderen Disziplinen in diesem Major Research Plan hebt das „Fertigungs"-Attribut hervor, d. h., wie man die Chargenfertigung und die Konsistenz der Nanofertigung sicherstellt. Dieser Plan konzentriert sich auf die Finanzierung von Nanoskalenfertigung, Nanopräzisionsfertigung, Cross-Scale-Fertigung, Gerätefertigung, Charakterisierung und Messung und andere Bereiche. Dieses Buch sammelt einige Forschungsergebnisse, die aus geförderten Projekten gewonnen wurden; darunter gibt es eine recht große Anzahl von herausragenden Arbeiten von jungen und erfahrenen wissenschaftlichen und technologischen Arbeitern in China, was zeigt, dass das Nanofertigungsprogramm Chinas ein starkes Forschungsteam mit recht hohem Forschungsniveau ausgebildet hat, was die herausragendste Leistung dieses Major Research Plan ist.

Nach acht Jahren gemeinsamer Anstrengungen und Mühen hat die NSFC die Schlussfolgerung des Major Research Plan „Fundamental Research on Nanomanufacturing" am 13. Dezember 2018 geprüft und genehmigt. Durch interdisziplinäre und disziplinübergreifende Forschung haben die Teilnehmer des Plans neue Prinzipien und Methoden der Nanofabrikation auf der Grundlage von physikalischen/chemischen Effekten erforscht, Oberflächen-/Grenzflächeneffekte und Skaleneffekte in der Bearbeitung, Formgebung, Modifikation und Cross-Scale-Fertigung auf Nanometerskala und mit Nanopräzision aufgedeckt und den Evolutionsmechanismus der Materialstruktur geklärt. Gleichzeitig wurde die genaue Charakterisierung und Messmethode des Nanofertigungsprozesses etabliert und eine Reihe von originalen Nanofertigungsprozessen und -bauteilen entwickelt, insbesondere wurde der chemisch-mechanische Entfernungsmechanismus auf atomarer Ebene aufgedeckt und eine neue Methode zur Realisierung der elektronischen Materialbearbeitung mit atomarer Präzision in diesem Projekt geschaffen. Ebenfalls wurde ein neues Prinzip der Nanostrukturformung auf der Grundlage der Elektronen-/Ladungsdynamikregulierung vorgeschlagen und die Fertigungsskala erstreckt sich bis auf die atomare Ebene. Eine Reihe von Methoden und Technologien für die Cross-Scale-Batch-Fertigung wurde entwickelt und in einigen industriellen Bereichen angewendet; es wurde ein relativ perfektes Verfahren und Prozesssystem für die Nanofertigung etabliert, wie chemisch-mechanisches Polieren, durch elektrische Feldkräfte induzierte Nanoimprint-Technik, mit Elektronenstrahl gesteuerte Lochbearbeitung, Cross-Scale-Bauteilfertigung, Bildung unabhängiger Ausrüstung und Durchbrechen des internationalen Monopols in mehreren Bereichen. Die Projektergebnisse dienen großen nationalen Wissenschaftsprojekten wie dem Linsenpolieren von Lithografiemaschinen, der Herstellung von Zielkugel-Mikroporen-Arrays, zweidimensionalen metrologischen Gittern für High-End-Geräte und mehrstufigen Mikronanostrukturen auf der Oberfläche von Raumfahrzeugen und bilden eine theoretische Grundlage für die Verbesserung der Nanofertigungstechnologie und des Ausrüstungsstandards in China.

In den letzten acht Jahren, von der Projektgründung und Umsetzung bis hin zur endgültigen Ergebniskonkretisierung und Zusammenfassung, geht unser Dank an die Mitglieder der Expertengruppe, die Kameraden der NSFC und die jungen und erfahrenen Forscher in den verwandten Bereichen in China für ihre starke Unterstützung. Mit dem Ziel, die Forschungsfront zu erreichen, den Forschungsinhalt zu fokussieren, die Forschungsziele zu optimieren und die Konkretisierung der Ergebnisse zu stärken, konzentriert sich jede Forschungsgruppe auf die festgelegten Anforderungen des Major Research Plan und bemüht sich, die grundlegende Theorie zu durchdringen, die Anwendung der Ergebnisse herauszufinden und die interdisziplinäre Arbeit praktisch zu gestalten, die Entwicklungsrichtung der Nanofertigungstechnologie in der Zukunft zu führen und das aktuelle Forschungsniveau der Nanofertigung in China zu demonstrieren. So können wir effektiv den großen Bedürfnissen Chinas und dem wichtigsten Einsatzgebiet unserer Volkswirtschaft dienen und den Weg für die Forschung und Entwicklung und Anwendung von nachgelagerten Produkten in der Zukunft ebnen.

Ich freue mich sehr, dass das Zentrum für Wissenschaftskommunikation und Leistungstransformation der NSFC uns eingeladen hat, den Zusammenfassungsbericht, den Leistungsbericht und den strategischen Forschungsbericht des Major Research Plan zu erstellen und sie in die Reihe des *Reports of China's Basic Research* aufzunehmen. Um die wichtigen Errungenschaften und den sprunghaften Fortschritt dieses Major Research Plan zu reflektieren, haben wir die Highlights der Integrationsprojekte, Schlüsselprojekte und Förderungsprojekte dieses Major Research Plan herausgearbeitet.

„Der Weg erstreckt sich endlos vor uns, ich werde Himmel und Erde durchsuchen." Obwohl die Umsetzung dieses Major Research Plan einige fruchtbare Ergebnisse erbracht hat, ist dies nur der Anfang der Entwicklung der Nanofertigungstechnologie mit chinesischen Charakteristika in der neuen Periode. Daher hoffe ich, dass chinesische Forscher in der Zukunft die Vertiefung der theoretischen Forschung der Nanofertigung und die Innovation der Schlüsseltechnologien der Nanofertigung als ihre eigene Mission ansehen und die nationalen strategischen Bedürfnisse als Ausgangspunkt sicherstellen. Durch die tiefe Integration mit Informatik, Physik, Chemie und Biologie wurde die eingehende Forschung über Nanofertigungswerkzeuge, Nanofertigungsprozesse wichtiger Materialien, Nanofertigungsausrüstung und Nanomessmethoden eingeleitet, systematisch wurde die Nanofertigungstheorie strukturiert und zentrale Technologien wurden erobert. So entwickeln wir eine Reihe von originellen innovativen Technologien, erzielen eine Reihe von technologischen Errungenschaften mit wichtigen Ingenieursperspektiven in den Bereichen Luft- und Raumfahrt, Biomedizin, IT, neue Energie usw. und bilden austauschbare exklusive zentrale Technologien, die in der Heimat genutzt und der normalen Bevölkerung zu Hause dienen können.

Bingheng Lu

Inhaltsverzeichnis

Herausgeber- und Autorenverzeichnis

Über den Herausgeber

Bingheng Lu Xi'an Jiaotong University, Xi'an, Shaanxi, China

Autorenverzeichnis

Han Ding Huazhong Universität für Wissenschaft und Technologie, Wuhan, China

Dongming Guo Dalian University of Technology, Dalian, China

Changzhi Gu Institut für Physik, Chinesische Akademie der Wissenschaften, Peking, China

Zhihong Li (2009–2012) Tianjin Universität, Tianjin, China

Ming Liu (2013–2018) Schule für Mikroelektronik, Universität für Wissenschaft und Technologie von China, Hefei, China

Jianbin Luo Tsinghua Universität, Peking, China

Zhongqun Tian Xiamen Universität, Xiamen, China

Kapitel 1
Projektübersicht

Bingheng Lu, Jianbin Luo, Zhongqun Tian, Dongming Guo, Han Ding, Changzhi Gu, Zhihong Li und Ming Liu

1.1 Projekt Einführung

Nanofertigung, als Grundlage zur Unterstützung der Anwendung von Nanotechnologie, Informationstechnologie und Biotechnologie, erforscht hauptsächlich neue Methoden und Prozesse der Nanofertigung wie Nanostrukturwachstum, Bearbeitung, Modifikation und Montage sowie das Leistungsentwicklungsgesetz von Strukturen und Bauteilen im Nanoskalen-Fertigungsprozess. In den letzten zehn Jahren hat die National Natural Science Foundation of China (NSFC) erhebliche Unterstützung für die Forschung im Bereich der Nanofertigung unterstützt.

B. Lu (✉)
Xi'an Jiaotong Universität, Xi'an, Shaanxi, China
E-Mail: bhlu@mail.xjtu.edu.cn

J. Luo
Tsinghua Universität, Peking, China

Z. Tian
Xiamen Universität, Xiamen, Fujian, China

D. Guo
Dalian University of Technology, Dalian, Liaoning, China

H. Ding
Huazhong Universität für Wissenschaft und Technologie, Wuhan, Hubei, China

C. Gu
Institut für Physik, Chinesische Akademie der Wissenschaften, Peking, China

Z. Li
Tianjin Universität, Tianjin, China

M. Liu
Schule für Mikroelektronik, Universität für Wissenschaft und Technologie von China, Hefei, Anhui, China

B. Lu, *Grundlegende Forschung über die Herstellung von Nanopartikeln*,
https://doi.org/10.1007/978-3-662-69235-6_1

Um die Innovationsfähigkeit der Nanofertigung in China weiter zu stärken, die Entwicklung der neuesten Forschungsdisziplinen voranzutreiben und die wichtigsten strategischen Bedürfnisse der nationalen Entwicklung zu erfüllen, hat die NSFC offiziell den Major Research Plan „Fundamental Research on Nanomanufacturing" im Jahr 2010 [1] gestartet, der sich auf die grundlegenden wissenschaftlichen Probleme in der Nanopräzisionsfertigung, der nanoskaligen Fertigung und der Cross-Scale-Fertigung konzentriert. Durch die Stärkung des Top-Level-Designs, die Verdichtung wissenschaftlicher Ziele, die Förderung interdisziplinärer Forschung und die Ausbildung innovativer Talente haben wir in mehreren Schlüsselbereichen oder wichtigen Richtungen einen Quantensprung in der Entwicklung erzielt, und so verbessern wir die Innovationsfähigkeit der Grundlagenforschung in China und bieten wissenschaftliche Unterstützung für die nationale wirtschaftliche und soziale Entwicklung.

Dieser Major Research Plan folgt der Gesamtidee „begrenztes Ziel, stabile Unterstützung, integrierte Verfeinerung und Sprungbrettentwicklung", konzentriert sich auf die großen strategischen Bedürfnisse der nationalen Wirtschaft, der sozialen Entwicklung und der wissenschaftlichen Forschungsspitze, erfasst die grundlegenden, zukunftsorientierten Merkmale der Querschnittsforschung dieses Plans und kombiniert die Top-Level-Beratung von Experten mit der freien Mitarbeit von wissenschaftlichem und technischem Personal, um eine überlegene Stärke zu erreichen und eine Projektgruppe mit relativ einheitlichen Zielen oder Richtungen zu bilden. In den vergangenen acht Jahren hat dieser Major Research Plan mit den gemeinsamen Anstrengungen der relevanten Forscher in China die Vorteile der interdisziplinären Zusammenarbeit in Maschinenbau, Materialien, Physik, Chemie, Biologie, IT und Mechanik voll ausgenutzt und die physische Verbindung und technische Erweiterung verschiedener Verarbeitungsprinzipien, nachdem das Fertigungsobjekt vom Makro- in den Mikrobereich gelangt ist, was das ursprünglich gesetzte Ziel erfolgreich erreicht hat, den Umfang der Fertigungstechnologie erheblich erweitert, neue Forschungsfelder erschlossen, die Fertigungsgenauigkeit und -qualität erheblich verbessert und neue Fertigungstheorien und -methoden entwickelt hat. Dieser Major Research Plan hat eine positive Rolle bei der Förderung interdisziplinärer Forschung, der Förderung tieferer und perfekterer Forschung in der Fertigungswissenschaft und der vollen Ausschöpfung der unterstützenden Rolle bei der Umsetzung neuer Entdeckungen in der Nanowissenschaft in modernste Fertigungstechnologien gespielt.

1.1.1 Gesamtwissenschaftliche Ziele

Als wichtiger Major Research Plan im Bereich der Ingenieur- und Materialwissenschaften zielt die „Grundlagenforschung zur Nanofertigung" darauf ab, neue Prinzipien und Methoden der Nanofertigung auf der Grundlage physikalischer/

chemischer Effekte durch interdisziplinäre Forschung zu erforschen und Oberflächen-/Grenzflächeneffekte und Skaleneffekte in der Bearbeitung, Formgebung, Modifikation und Cross-Scale-Fertigung mit Nanoskalen und Nanoskalenpräzision aufzudecken. Gleichzeitig wird in der „Grundlagenforschung zur Nanofertigung" der Evolutionsmechanismus der Materialstruktur geklärt, die genaue Charakterisierung und Messmethode des Nanofertigungsprozesses etabliert und einige ursprüngliche Nanofertigungsprozesse und -bauteile entwickelt, die eine theoretische Grundlage für die Realisierung der Konsistenz und der Chargen der Nanofertigung bieten. Daher konzentriert sich dieser Major Research Plan auf die folgenden Forschungsrichtungen und hat eine Reihe von Forschungsdurchbrüchen [2, 3] erzielt.

Wir haben eine Menge Forschungsergebnisse im Prinzip und in der Methode der Subnanometer-Präzisionsoberflächenfertigung erreicht. Basierend auf dem Wechselwirkungsmechanismus zwischen Atomen/Molekülen der Materie und dem Energiestrahl wird das Gesetz der atomaren Migration und der Materialentfernung bei der Bearbeitung auf atomarer Skala aufgedeckt; das neue Fertigungsprinzip, die Methode und der Prozessweg werden etabliert, was theoretische Unterstützung und einen technischen Ansatz für die Fertigung integrierter Schaltkreise (IC) mit Linienbreite unter 14 nm bieten.

Wir haben eine Menge fruchtbarer Arbeit in der genauen Replikationsfertigung von großflächigen Mikronanostrukturen geleistet. Auf der Grundlage des physikalisch/chemischen Wechselwirkungsmechanismus, der durch ein externes Feld in der Mikronanolücke induziert wird, werden die Materialrheologie und das Entfernungsgesetz im Prozess der Mikronanostrukturerzeugung aufgedeckt, neue Fertigungsprinzipien, -methoden und -verfahren werden etabliert, um eine effiziente Herstellung von großflächigen Mikronanostrukturen wie flexible Elektronikbauteile, neue Sensoren und mikrooptischer Array-Elemente zu realisieren.

Wir haben erfolgreiche Arbeit in der Forschung zur Nanofertigungsmethodik geleistet, bei der Top-down- und Bottom-up-Methoden kombiniert werden, durch die das neue nanoskalige Fertigungsprinzip, die Methode und der Prozessweg etabliert werden, um das Fertigungsproblem von Nanobauteilen und Systemstrukturen zu lösen.

Weiterhin wird eine neue Methode der ultraschnellen Laser-Mikronanofertigung basierend auf elektronischer dynamischer Steuerung erforscht. Durch die Optimierung der zeitlichen und räumlichen Verteilung von ultraschnellen Laserpulssequenzen, deren Pulsbreite kürzer ist als die Elektronenrelaxationszeit, werden die elektronischen Zustände wie Elektronendichte, Temperatur, Verteilung der Energieniveaus, Spin und dergleichen des verarbeiteten Materials und die entsprechenden momentanen lokalen Materialeigenschaften angepasst, um eine brandneue Fertigungsmethode mit hoher Qualität, hoher Präzision und hoher Effizienz zu realisieren und sie auf die Fertigung von Schlüsselbauteilen/Strukturen in den Bereichen Luft- und Raumfahrt und IT anzuwenden.

1.1.2 Zentrale wissenschaftliche Fragen

Entsprechend dem allgemeinen wissenschaftlichen Ziel des Major Research Plan, kombiniert mit der aktuellen Situation der Nanofertigung in China und den großen strategischen Bedürfnissen in der nationalen Wirtschaft, der sozialen Entwicklung und der wissenschaftlichen Spitzenforschung, wird der Forschungsarbeitsplan hauptsächlich im Rahmen der folgenden drei zentralen wissenschaftlichen Fragen umgesetzt.

1. **Neue Prinzipien und Methoden der Nanopräzisionsfertigung**

Nanopräzisionsflächenveredelung ist eines der Kernthemen der Nanofertigung und eine wichtige Forschungsfrage dieses Großforschungsplans. Mit der Abnahme der charakteristischen IC-Linienbreite und der Zunahme der Wafergröße steigen die Anforderungen an die Veredelungspräzision täglich. Die 193-nm-Lithografie-Objektivlinse erfordert eine Oberflächenpräzision im Subnanometerbereich; die 300-mm-Waferplanarisierung erfordert eine 2%ige In-Chip-Uniformität; beim Waferdünnungsprozess muss die Dicke auf weniger als 50 μm reduziert wird, um ein Verziehen zu vermeiden.

Um diese Indikatoren zu erreichen, müssen einige neue Methoden und Prozesse erforscht werden, und das Schlüsselproblem liegt darin, wie man eine schadensfreie, effiziente und kontrollierbare Veredelung von Nanopräzisionsflächen realisiert.

Der Major Research Plan hat Forschungen zu den Prinzipien und Prozessmethoden der Oberflächenveredelung mit Nanopräzision durchgeführt. Die Inhalte umfassen: kontrollierte Oberflächenveredelung mit Ionenstrahlen im Subnanometerbereich, neue Prinzipien und Technologien der Oberflächenplanarisierung mit Nanopräzision für die Herstellung integrierter Schaltkreise, mechanochemische Nanopräzisionsschleiftechnologie und chemisch-mechanische Planarisierungstheorie und -technologie unter extrem niedrigem Druck etc.

2. **Neue Prinzipien und Methoden der nanoskaligen Strukturfertigung**

Nanoskalige Bearbeitung ist ein Mittel zur Realisierung der Herstellung von Nanostrukturen und -bauteilen und gleichzeitig die Grundlage der Nanotechnologie. Derzeit gibt es viele nanoskalige Bearbeitungsmethoden wie Atomkraftmikroskop, Femtosekundenlaser, Elektronenstrahl, selbstorganisierende Prozesse, Nanolithografie und Ätzen. Probleme dieser Bearbeitungsmethoden wie Chargen, Wiederholbarkeit, Konsistenz und niedrige Kosten wurden noch nicht gut gelöst, und sie haben sich nicht von der Bearbeitungstechnologie zur Fertigungstechnologie gewandelt, was es schwierig macht, Nanotechnologieprodukte vom Labor in die industrielle Anwendung zu überführen. Die Herstellung von Nanostrukturen ist einer der Kerninhalte dieses Großforschungsplans, und sein Ziel ist es, die Theorie, Methode, Technologie und Anwendung der nanoskaligen Fertigung auf der Grundlage der bestehenden Prinzipien der Physik/Chemie/Biologie zu erforschen und eine Grundlage für die Forschung und Anwendung von hochpräzisen Sensoren, hocheffizienter Mikroenergie, integrierten Mikronanosystemen, elektronischen Geräten der Post-Moore-Ära und integrierten Schaltungen zu legen.

Zu den wichtigsten Forschungsinhalten der Herstellung von Strukturen im Nanomaßstab gehören: neue Theorien und Methoden der Herstellung im Nanomaßstab, hochpräzise, kontrollierbare Herstellung von Mikronanostrukturen mit Strukturselbstbeschränkung, durch externe Felder induzierte dreidimensionale Herstellung und kontrollierbare Herstellung von Nanostrukturen auf der Grundlage der Selbstorganisation usw.

3. **Prinzip und Methode der effizienten und mehrskaligen Fertigung von großflächigen Nanostrukturen**

Mehrskalige Fertigung ist einer der Forschungsschwerpunkte dieses Großforschungsplans. Mit der steigenden Nachfrage nach flexiblen und intelligenten elektronischen Geräten wie flexiblen Displays, flexiblen Dünnschicht-Solarzellen und flexiblen Sensoren sind Durchbrüche in der Technologie zur Herstellung von großflächigen Nanostrukturen dringend erforderlich. Aufgrund des Skaleneffekts von Nano-, Mikro- und Makroverbindungen ist es schwierig, die Geräteleistung genau zu steuern, und es ist eine große Herausforderung, die großflächige, hocheffiziente, hochpräzise und kostengünstige Fertigung von Nanostrukturen zu realisieren.

Der Major Research Plan konzentriert sich auf die Flaschenhals-Probleme der mehrskaligen Fertigung. Die Hauptinhalte umfassen: Mehrskalenfertigung basierend auf speziellen Effekten in der Bearbeitungstechnologie für Mikroelektronik, Theorie und Methode der neuen und effektiven Formfertigung für die hochskalige Fertigung von großflächigen Mikronanostrukturen, integrierte Herstellung und Anwendung von Mikronanostrukturen in mehreren Maßstäben usw.

1.2 Projektaufbau

1.2.1 Projekteinsatz

Während der acht Jahre ab der Umsetzung des Großforschungsplans „Fundamental Research on Nanomanufacturing“ belaufen sich die Gesamtmittel auf etwa 190 Mio. Yuan, es werden vier integrierte Projekte (55 Mio. Yuan, 29,01 %), 24 Schlüsselprojekte (62,4 Mio. Yuan, 32,91 %), 121 Förderprojekte (62,31 Mio. Yuan, 32,87 %) und vier strategische Forschungsprojekte (9,8788 Mio. Yuan,

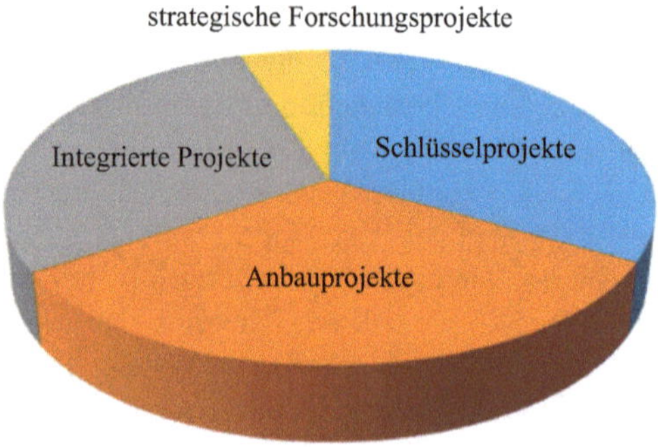

Abb. 1.1 Projektumsetzung

5,21 %) entwickelt, wie in Abb. 1.1 [4, 5] dargestellt. Der Forschungsinhalt umfasst vier Forschungsfelder: Nanopräzisionsfertigung, Nanostrukturfertigung, Fertigung in mehreren Maßstäben und Erforschung neuer Methoden der Mikronanofertigung, wodurch vier Projektgruppen gebildet werden, nämlich neue Prinzipien und Methoden der Nanopräzisionsfertigung, hocheffiziente Fertigungsmethoden für Mikronanostrukturen auf großer Fläche, neue Prinzipien der Nanofertigung, die Top-down- und Bottom-up-Methoden kombinieren, und Erforschung neuer Prinzipien und Methoden der Laser-Mikronanofertigung [5].

1.2.2 Projektintegration und Verfeinerung

Dieser Großforschungsplan hat in allen unterstützten Richtungen positive Fortschritte gemacht, insbesondere bei neuen Methoden wie die Oberflächenveredelung bei Nanopräzision, hocheffizienter Herstellung von Mikro-Nanostrukturen auf großer Fläche, Nanofertigung, die Top-down- und Bottom-up-Methoden kombiniert, und ultraschneller Laser-Mikro-Nanofertigung basierend auf elektronischer dynamischer Steuerung. In Kombination mit den Zielen dieses Großforschungsplans, den erzielten Fortschritten und dem großen Bedarf des Landes wurden im Umsetzungsprozess vier integrierte Projekte zusammengefasst und geplant.

1. **Prinzip und Verfahren der Oberflächenfertigung mit Subnanometerpräzision**

Bei der Oberflächenfertigung mit Subnanometerpräzision wird der Interaktionsmechanismus zwischen Materialatomen, Molekülen und Energiestrahlen entdeckt, das Gesetz der atomaren Migration und des Materialabtrags auf atomarer Ebene erforscht und die Fertigungsprinzipien, Methoden und Prozessrouten wie die Präzisionsbearbeitung optischer Geräte und das Polieren von IC-Wafern werden etabliert. Durch die Kombination von Maschinenbau, Chemie, Materialien und Mechanik wird der molekulare/atomare Materialentfernungsmechanismus erforscht und das Prinzip und die Methoden der Oberflächenfertigung der Nanopräzision werden etabliert. Durch die Forschung dieses integrierten Projekts können schlüsselwissenschaftliche Probleme durchbrochen, systematische Prozessmethoden gebildet, technische Engpässe bei der Ausrüstung durchbrochen und die Technologie der Nanopräzisionsfertigung in China verbessert werden.

2. **Präzise Replikationsfertigung von großflächigen Mikronanostrukturen**

Basierend auf dem durch externes Feld induzierten physikalisch/chemischen Wechselwirkungsmechanismus im Mikronanospalt wird das Materialrheologie- und Entfernungsgesetz im Bildungsprozess der Mikronanostruktur offenbart; neue Fertigungsprinzipien, Methoden und Prozessrouten werden etabliert, um die effiziente Präparierung von Mikronanostrukturen auf großer Fläche wie flexible Elektronikgeräte, neue Sensoren und Mikrooptik-Array-Elemente zu entwickeln. Angesichts mehrerer großer strategischer Anforderungen Chinas (wie metrologische Präzisionsgitter, speziell geformte physikalische Gitter im Zündplan, ultrahoch effiziente nanooptoelektronische Komponenten) werden die Forschung zur Präzisionsschablonen-Herstellungsmethode, die Fehlertransfer-Theorie und die Methode zur Präzisionsrückverfolgbarkeit integriert, um ein Prinzip für die Herstellung mit nanoskaliger Genauigkeit und effizienter Replikation zu entwickeln. Dieser Plan offenbart das Evolutionsgesetz von Struktur und physikalischen Eigenschaften, die durch ein externes Feld induziert werden, entdeckt ein neues Prinzip der Nanostruktur-Replikationsfertigung und entwickelt die Fehlerübertragungskontrolle der Replikationsformung und die Rückverfolgbarkeitstheorie der Präzisionsmessung.

3. **Forschung zur Nanofertigungsmethode, die Top-down und Bottom-up kombiniert**

Basierend auf den Top-down- und Bottom-up-Bearbeitungsmethoden werden das neue Multi-Scale-Fertigungsprinzip, die Methode und die Prozessroute etabliert, um das Fertigbarkeitsproblem von Nanobauteilen und Systemstrukturen zu lösen. Die Integration der neuen Prinzipien der Selbstorganisation und der Nanoskalenbearbeitung in diesem Großforschungsplan und den ursprünglichen Methoden in der Herstellung von Mikronanokompositen und die vollständige Nutzung der Eigenschaften der ausgereiften integrierten Fertigungstechnologie in der Mikroelektronikindustrie ermöglichen die Integration von Nanostruktur zu Technologie und Funktion und einen Durchbruch von Nanomaterialien zu Nanobauteilen und -systemen. Durch die Forschung im Rahmen dieses integrierten Projekts wird eine Reihe von hochempfindlichen, stromsparenden Gas- und Biosensoren (z. B. für die Umweltüberwachung und Terrorismusbekämpfung) entwickelt, die im Internet der Dinge eingesetzt werden können.

4. **Erforschung einer neuen Methode der ultraschnellen Laser-Mikronanofertigung basierend auf elektronischer dynamischer Steuerung**

Durch die Optimierung der zeitlichen und räumlichen Verteilung von ultraschnellen Laserpulsen, deren Pulsbreite kürzer ist als die Elektronenrelaxationszeit, werden die elektronischen Zustände wie Elektronendichte, Temperatur,

Energieverteilung, der Spin des bearbeiteten Materials und die entsprechenden momentanen lokalen Materialeigenschaften gesteuert, wodurch eine völlig neue Fertigungsmethode mit hoher Qualität, hoher Präzision und hoher Effizienz realisiert wird, die zur Herstellung von Schlüsselgeräten/-strukturen in den Bereichen Luft- und Raumfahrt und Informationstechnologie eingesetzt wird. Durch die Forschung an diesem integrierten Projekt wird der Mechanismus der elektronischen dynamischen Steuerung der räumlich-zeitlichen Formung von Femtosekunden-Laserpulsen in der Materialbearbeitung erkannt und offenbart, die Schlüsselparameter der ultraschnellen Pulssequenz werden optimiert und eine hocheffiziente und hochwertige Bearbeitung wird realisiert. Die Forschung wird zur Herstellung von Schlüsselstrukturen/-geräten in großen nationalen Projekten/Informationen und anderen Bereichen eingesetzt.

1.2.3 Interdisziplinarität und Integration

Von Beginn seiner Umsetzung an legt der Großforschungsplan großen Wert auf Interdisziplinarität, hauptsächlich in den Bereichen Maschinenbau, Materialwissenschaften, Physik, Chemie, Biologie, Information, Mechanik und anderen Bereichen, wie in Abb. 1.2 dargestellt. In der Querintegration von Elektrochemie und Fertigungswissenschaft werden Elektrochemie und traditionelle mechanische Schleiftechnologie kombiniert, um eine schadensarme und hochpräzise Poliertechnologie für funktionale Oberflächen zu etablieren, die im Bereich der integrierten

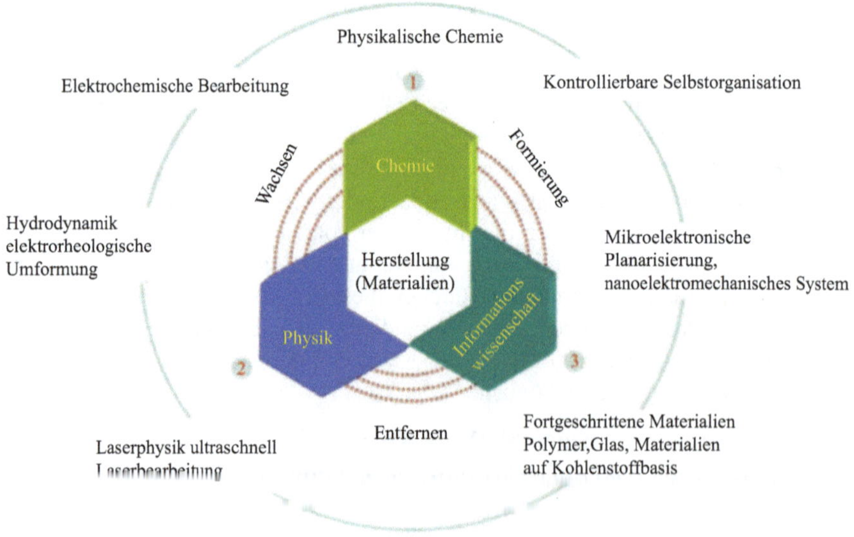

Abb. 1.2 Interdisziplinäre Situation

Schaltkreisherstellung eingesetzt wird und eine geringe Belastungsplanarisierung von Nanopräzisionsoberflächen und hochpräzise optische Linsenbearbeitung ermöglicht. In der Querintegration von Mechanik und Fertigungswissenschaft wird die ursprüngliche rheologische Formgebungstechnologie von elektrisch angetriebenen Polymer-Nanostrukturen durch die Kombination von Fluidmechanik, Elektrodynamik und Formreplikationstechnologie etabliert, die eine effiziente und zuverlässige Fertigungsmethode für komplexe Nanostrukturen wie Multiskalenstrukturen und Strukturen mit großem Seitenverhältnis bietet. In der Querintegration von Chemie, Mikroelektronik und Fertigungswissenschaft werden chemisches Wachstum und physikalische Self-Assembly-Technologie mit traditionellen Mikronanofertigungstechnologien wie Lithografie und Ätzung kombiniert. Die Self-Assembly-Technologie wird zu einer Nanofertigungsmethode entwickelt, die den Fertigungsmerkmalen entspricht, wodurch die Fertigung von typischen Nanostruktur-Funktionsbauteilen wie hochpräzisen Sensoren realisiert wird. In der Querintegration von Laser, Chemie und Fertigungswissenschaft wurde die ultraschnelle Laserbearbeitungstechnologie entwickelt, Laserbearbeitungstheorien und -methoden wie elektronische dynamische Steuerung, Zwei-Photonen-Polymerisation und Mehrphotonenreduktion wurden etabliert und das Anwendungspotenzial der Laserfertigungstechnologie im Bereich der Nanofertigung wurde erweitert. In der Querintegration von Materialwissenschaft, Informationstechnologie und Fertigungswissenschaft wurden steuerbare Fertigungs- und Bearbeitungstechnologien für neue elektronische Materialien wie Graphen und Halbleiternanodrähte etabliert, und die Prototypenfertigung von Nanobauteilen mit hervorragender Leistung wurde durch Makro-, Mikro- und Nanoskalenverbindung realisiert.

Dieser Major Research Plan erweitert nicht nur die Disziplingrenzen, sondern fördert auch die interdisziplinäre Integration. Die Ergebnisse der Arbeit beinhalten 28 Disziplinen wie Materialwissenschaften, Physik, Chemie, Ingenieurwesen und Optik, mit einer durchschnittlichen interdisziplinären Rate von 2,06 %.

1.3 Forschungsbedeutung

Der Großforschungsplan integriert innovativ die Makroskala-Nanopräzisionsforschung in die Nanofertigungsforschung, mit Schwerpunkt auf serieller, konsistenter und kostengünstiger Fertigungstechnologie. Durch den Durchbruch der Prinzipieninnovation und Spitzentechnologie wurde eine Gruppe von interdisziplinären und exzellenten Teams ausgebildet und versammelt, die in der Nanofertigungsforschung tätig sind, was eine solide Grundlage für die Entwicklung der Nanofertigungstechnologie in China gelegt hat und eine wichtige Rolle bei der Lösung der strategischen Aufgaben der chinesischen Fertigung und der Erzielung von Forschungsergebnissen mit wichtiger weltweiter Auswirkung spielt.

Seit seiner Einführung hat dieser Major Research Plan sich auf aktuelle wissenschaftliche Fragen und Entwicklungstrends im Bereich der Nanofertigung konzentriert und große Anstrengungen unternommen, um die Querintegration von Maschinenbau, Materialwissenschaften, Physik, Chemie, Biologie, IT, Mechanik und anderen Disziplinen zu fördern, wodurch große innovative Forschungsergebnisse erzielt wurden [6].

Durch kontinuierliche Anstrengungen haben wir den atomaren chemisch-mechanischen Entfernungsmechanismus freigesetzt, die Bearbeitungsmethode der optischen Vollfrequenz-Subnanometerpräzision etabliert und die chemisch-mechanische Waferplanarisierung und Lithografie-Linsenpoliergeräte entwickelt, die in integrierten Schaltkreisproduktionslinien eingesetzt wurden, das ausländische Monopol gebrochen und eine Schlüsselunterstützung für die Lösung des Problems der „Eindämmung" in der Chip-Herstellungsindustrie bereitgestellt.

Zum ersten Mal in der Welt wurde ein neues Prinzip und eine neue Methode des Nanoimprints mit Grenzflächenladungsregulierung vorgeschlagen. Eine Reihe von Nanoimprint-Geräten wie das kooperatives Gas-Elektrizitäts-Imprint und Roll-to-Roll-Multi-Skalen-Imprint wurden entwickelt, die in wichtigen nationalen Projekten, in der nationalen Verteidigung und im Militär, in der Unterhaltungselektronik und in anderen Bereichen eingesetzt wurden, wodurch der Übergang von der Nanoimprint-Technologie vom Labor zur technischen Anwendung ermöglicht wurde.

Ein neues Prinzip und eine neue Methode der Femtosekunden-Laserherstellung mit elektronischer dynamischer Steuerung wurden vorgeschlagen, die erstmals in der Welt die aktive Steuerung der momentanen lokalen elektronischen Dynamik ermöglicht hat. Weiterhin wurden Laser-Mikronanofertigungstechnologie und -geräte entwickelt, die die Herstellung von Target-Balls für wichtige nationale Projekte unterstützt haben.

Lokale selektive Multi-Konstruktions- und Massenfertigungsmethoden für mikrostrukturierte Oberflächen wurden entwickelt, ein relativ perfektes Nanofertigungsverfahren und Prozesssystem wurde etabliert, und 17 Sätze/Arten von Geräten wurden unabhängig entwickelt sowie das internationale Monopol in mehreren Bereichen gebrochen und das internationale fortgeschrittene Niveau erreicht.

Im Verlauf der Umsetzung dieses Großforschungsplans wurden 3813 SCI-Artikel in internationalen Zeitschriften veröffentlicht, darunter 19 Artikel in

Top-Zeitschriften wie *Nat Nanotechnol, Nat Mater, Nat Phys* und *Nat Energy*, und 91 hochzitierte Artikel in ESI; 935 Erfindungspatente (einschließlich elf US-/ Europäische Patente) wurden genehmigt und 66 Monografien wurden in Chinesisch und Englisch veröffentlicht; sechs 2. Preise des Nationalen Naturwissenschaftspreises, fünf 2. Preise des Nationalen Technologischen Erfindungspreises, ein 2. Preis des Nationalen Wissenschafts- und Technologiefortschrittspreises, zwei „Ho Leung Ho Lee"-Stiftungen, ein Nationaler Verteidigungswissenschafts- und Technologieinnovationsteam-Preis, 21 Provinz- und Ministerpreise wurden verliehen. Mit der Unterstützung dieses Großforschungsplans wurde die interdisziplinäre Entwicklung realisiert, und eine Gruppe von herausragenden Wissenschaftlern mit internationalen Standards wurde im Bereich der Nanofertigung ausgebildet. Insgesamt wurden sechs Mitglieder des Expertenlenkungsausschusses oder Projektdurchführer zu Mitgliedern der Chinese Academy of Sciences und zwei Mitglieder der Chinese Academy of Engineering gewählt. Unter den Projektdurchführern wurden vier Mitglieder als Mitglieder der American Society of Mechanical Engineers (ASME) und des Institute of Electrical and Electronic Engineers (IEEE) ausgewählt, 18 Mitglieder wurden von der National Science Fund for Distinguished Young Scholars unterstützt, und sechs Mitglieder wurden mit dem Science Fund for Outstanding Young Scholars [6] ausgezeichnet.

Die Umsetzung des Major Research Plan hat Chinas Position im internationalen Nanofertigungsfeld erheblich verbessert und Chinas Sprungentwicklung von der bloßen Nachahmung zu einer der weltweit fortschrittlichsten Länder vorangetrieben.

Der Vergleich der Entwicklungstrends im Feld nach Abschluss dieses Großforschungsplans ist in Tab. 1.1 zu sehen.

Tab 1.1 Vergleich der Entwicklungstrends

Zentrale wissenschaftliche Fragen im Rahmen des wissenschaftlichen Ziels	Inländischer Forschungsplan beim Start des Plans	Inländischer Forschungsstatus am Ende des Plans gestartet wird	Internationaler Forschungsstatus am Ende des Plans	Vorteile und Lücken im Vergleich mit der internationalen Forschungssituation
Nano-/Subnanometerpräzisionsoberflächen-fertigung	Oberflächen-/Untergrund-schäden: Mikrometerbereich Oberflächenrauheit: Ra 50 nm Oberflächengenauigkeit: Quadratmittelwert (RMS) 3 µm	Oberflächen-/Untergrundschäden: 15 nm Oberflächenrauheit: Ra 0,1 nm Oberflächengenauigkeit: RMS 0,3 µm	Oberflächen-/Untergrundschäden: 8 nm; Oberflächenrauheit: Ra 0,1 nm; Oberflächengenauigkeit: RMS 0,2 µm	Vorteil: eine relativ vollständige und anerkannte Theorie und anerkanntes Modell, neue Methoden, neue
				Prozesse und neue Ausrüstung Lücke: es besteht noch Verbesserungsbedarf bei der Konsistenz großer Netzinhalte
Nanoskalige Fertigung	Fertigungstheorie befindet sich in einem Aufholzustand; Skala: 5–10 µm	Eine Reihe von Theorien wie die elektrisch angetriebene Nanoimprint-Technik und die elektronendynamische Steuerung der Laserfertigung sind etabliert; die Herstellung im Maßstab von werden entwickelt	Bearbeitungsskala: 7 nm	Vorteil: Es werden eine relativ vollständige und grundlegende Theorie und ein Modell, neue Methoden, neue Prozesse und einige autonome Ausrüstungen etabliert. Lücke: es besteht immer noch eine

(Fortsetzung)

Tab 1.1 (Fortsetzung)

Zentrale wissenschaftliche Fragen im Rahmen des wissenschaftlichen Ziels	Inländischer Forschungsplan beim Start des Plans	Inländischer Forschungsstatus am Ende des Plans gestartet wird	Internationaler Forschungsstatus am Ende des Plans	Vorteile und Lücken im Vergleich mit der internationalen Forschungssituation
		10–20 nm ist realisiert; unabhängige Ausrüstung wie Laserdirektschreiben, Nanoimprint und Nahfeldbelichtung		Generationsdifferenz von 1–2 Generationen im Vergleich zur internationalen Mikro-/Nanoverarbeitung
Herstellung von Mikro- und Nanostrukturen in verschiedenen Maßstäben	Keine Theorie, Mikrostruktur im Zentimeterbereich, keine Ausrüstung (international: Mikronanoverbundstruktur im Meterbereich)	Die Herstellungstheorien wie Nanoimprint und eine maskenlose Herstellungsmethode sind etabliert; 3D-Ätzen, Nanodruck und andere Ausrüstungen werden entwickelt; die Herstellung von Nanostrukturen im Meterbereich ist jetzt möglich	Herstellung von Nanostrukturen im Meterbereich	Vorteil: eine Reihe von Schlüsselkomponenten wie Sensoren, flexibles Display, flexible Elektronik, autonome Ausrüstung/ Prozess Lücke: große Netzfertigungspräzision und Konsistenz

Literatur

1. Wang GB, Li M, Ding YC, et al (2010) Background, implementation, and management measure of the major research plan "fundamental study on nanomanufacturing". Bull Nat Nat Sci Found China 24(2):70–77. (in Chinese) (王国彪, 黎明, 丁玉成, 等 . 重大研究计划 "纳米制造的基 础研究" 综述 . 中国科学基金.)
2. Wang GB (2011) Photonic manufacturing science & technology: overview and outlook. J Mech Eng 47(21):157–169. (in Chinese) (王国彪 . 光制造科学与技术的现状和展望 . 机械工程学 报.)
3. Wang GB, Shao JY, Song JL, et al (2016) Research review of the NSFC major research plan "fundamental research on nanomanufacturing". J Mech Eng 52(5):68–79. (in Chinese) (王国彪, 邵金友, 宋建丽, 等 . "纳米制造的基础研究" 重大研究计划研究进展 . 机械工程学报.)
4. Wang GB, Lai YN, Huang HH, et al (2013) Review on fund management of mechanical engineering discipline of NSFC in 2012. China Mech Eng 24(1):66–72. (in Chinese) (王国彪, 赖一 楠, 黄海鸿, 等 . 机械工程学科 2012 年度科学基金管理工作综述 .中国机械工程.)
5. Lai YN, Ye X, Cao ZC, et al (2019) Review on the management at mechanical engineering discipline of the National Natural Science Foundation of China in 2018. China Mech Eng 30(5):505–513. (in Chinese) (赖一楠, 叶鑫, 曹政才, 等 . 2018 年度机械工程学科国家自然科学基金管理工作综述 . 中国机械工程.)
6. Wang GB, Lai YN, Lu BH, et al (2019) Review of the achievements of major research plan on "fundamental research on nanomanufacturing". Bull Nat Nat Sci Found China 33(3):261–274. (in Chinese) (王国彪, 赖一楠, 卢秉恒, 等 . "纳米制造的基础研究" 重大研究计划结题综述 . 中国科学基金.)

Kapitel 2
Forschungssituation

Bingheng Lu, Jianbin Luo, Zhongqun Tian, Dongming Guo, Han Ding, Changzhi Gu, Zhihong Li und Ming Liu

2.1 Forschungsstand der Nanofertigung

1. **Entwicklung der Grundlagenforschung zur Nanofertigung**

Nanowissenschaft ist die Forschungsfront der modernen Wissenschaft, und Nanofertigung ist die Grundlage der Entwicklung der Nanowissenschaft. Die Forschungsergebnisse der Physik, Chemie und anderer Grunddisziplinen sowie der Fortschritt der Informationstechnologie haben die Entwicklung der Nanofertigungstechnologie angetrieben.

B. Lu (✉)
Xi'an Jiaotong Universität, Xi'an, Shaanxi, China
E-Mail: bhlu@mail.xjtu.edu.cn

J. Luo
Tsinghua Universität, Peking, China

Z. Tian
Xiamen Universität, Xiamen, Fujian, China

D. Guo
Dalian University of Technology, Dalian, Liaoning, China

H. Ding
Huazhong University of Science and Technology, Wuhan, Hubei, China

C. Gu
Institut für Physik, Chinesische Akademie der Wissenschaften, Peking, China

Z. Li
Tianjin Universität, Tianjin, China

M. Liu
Schule für Mikroelektronik, Universität für Wissenschaft und Technologie von China, Hefei, Anhui, China

B. Lu, *Grundlegende Forschung über die Herstellung von Nanopartikeln*,
https://doi.org/10.1007/978-3-662-69235-6_2

Der Durchbruch und das Aufkommen innovativer Technologien in der Nanofertigung dienen auch Disziplinen wie der verwandten Nanowissenschaft und bieten technische und Ausrüstungsunterstützung im Prozess des Verstehens und Erforschens unbeantworteter Fragen der Naturwissenschaften. Im 21. Jahrhundert hat die Nanofertigung eine starke treibende Kraft in der heutigen wissenschaftlichen und technologischen Innovation und Entwicklung gezeigt und ist zur Schlüsseltechnologie geworden, die die Entwicklungen von Wissenschaft und Technologien in der Welt in der Zukunft führen kann, wie Biomolekular-Motoren, Nanomotoren, Nanoroboter, molekulare photoelektrische Bauteile, Nanoschaltkreise, Nanosensoren, nanointelligente Bauteile und Systeme, die umfangreiche und tiefe Aufmerksamkeit von Regierungen, wissenschaftlichen und technologischen Kreisen und der Industrie auf sich ziehen. Seit der Einführung der Nationalen Nanotechnologie-Initiative (NNI), die 2001 von den Vereinigten Staaten umgesetzt wurde, hat es weltweit einen Aufschwung in der Forschung und Entwicklung von Nanotechnologie gegeben. Nanofertigungstechnologie, als technischer Kern, der die Entwicklung verschiedener Nanotechnologien unterstützt, wurde als Schlüsselforschungsrichtung aufgelistet, die von entwickelten westlichen Ländern unterstützt und vorangetrieben wird. Derzeit haben entwickelte Länder/Regionen einschließlich der Europäischen Union und ihrer Mitgliedsstaaten, Japan, Kanada, Singapur, die Republik Korea und andere entwickelte Länder, China, Indien, Brasilien und andere neu industrialisierte Entwicklungsländer, die sich diesem neuen Fertigungsfeld stellen, die Gelegenheit ergriffen und nacheinander ihre Entwicklungsstrategien und Sonderpläne im Bereich Nanofertigung herausgegeben, um die Initiative in der zukünftigen wissenschaftlichen und technologischen und wirtschaftlichen Entwicklung zu ergreifen und die kontinuierliche Verbesserung der nationalen Kernkompetenz zu gewährleisten.

Im Jahr 2017 hat der globale Markt von nanogefertigten Produkten die Marke von 3,7 Bill. US$ überschritten. In den letzten Jahren haben diese Daten einen schnellen Aufwärtstrend gezeigt. Nach der Prognose des Nationalen Wissenschafts- und Technologierats (NSTC) wird der globale Nanotechnologiemarkt nach 2020 jährlich 5 Bill. US$ überschreiten. Angesichts solch riesiger Geschäftsmöglichkeiten und Märkte investieren europäische Länder wie das Vereinigte Königreich, Frankreich und Deutschland jedes Jahr 500 Mio. bis 1 Mrd. Euro in die Nanotechnologieforschung, und die Nanofertigung wurde als wichtiges Forschungsgebiet für die nationale Entwicklung aufgelistet; Regierungsabteilungen in entwickelten asiatischen Ländern wie Japan und der Republik Korea haben auch große Aufmerksamkeit auf den Nanofertigungsmarkt gelegt und riesige Summen in die Forschung investiert. Das Vertrauen verschiedener Länder in den steigenden Trend der Nanofertigung hat ständig zugenommen, die Investitionen haben allmählich zugenommen und eine Reihe von strategischen Forschungsplänen wurde entsprechend formuliert. Alle Länder verbessern den Kern ihrer Wettbewerbsfähigkeit in Wissenschaft und Technologie durch technologische Durchbrüche und industrielle Expansion ihrer eigenen Länder. Zum Beispiel haben die Vereinigten Staaten, Australien usw. Durchbrüche in der Nanofertigungsinnovationstechnologie durch multidisziplinäre Integration erzielt, um die Herausforderungen bestehender technischer Probleme zu lösen; Deutschland, die Republik Korea, Japan usw. konzentrieren sich auf die effektive Transformation bestehender Nanofertigungserfolge.

2. **Entwicklung der Nanofertigungstechnologie**

Als Fertigungsmethode, die auf physikalischen/chemischen/biologischen Prinzipien basiert, zielt die Nanofertigung hauptsächlich auf einen neuen Fertigungsprozess ab, der Material, Struktur und Funktion im Nanobereich integriert, wie z. B. das Wachstum von Nanostrukturen, die Bearbeitung, Modifikation und Montage. Es handelt sich um eine neue Methode für die Leistungsentwicklung von Nanostrukturen und -bauteilen. Nachdem die Fertigungswissenschaft auf den Nanometerbereich zugegangen ist, ändern sich die Objekte der Fertigung vom Makro- zum Mikrobereich und schaffen neue technische Ziele und Beurteilungsstandards.

Als Reaktion auf die Präzisions- und Qualitätsanforderungen, die sich von der traditionellen Fertigung unterscheiden, wurden neue Fertigungstheorien und -methoden entwickelt. Die Nanofertigungstechnologie hat eine positive Rolle bei der Förderung der Schnittstelle zwischen verschiedenen Disziplinen gespielt und bietet brandneue Forschungsbedingungen und innovative Ideen für die Vertiefung und Entwicklung der wissenschaftlichen Forschung wie Physik und Biologie. In den letzten Jahren hat die Nanofertigungstechnologie die neuen Entdeckungen und Errungenschaften der Nanowissenschaft erfolgreich in physische Produkte umgewandelt.

Daher ist die aufkommende Nanofertigungstechnologie, die durch die Forschungsergebnisse von Disziplinen wie Physik und Chemie und den Fortschritt der Informationstechnologie angetrieben wird, zu einer ermöglichten Technologie geworden. Die Nanofertigungstechnologie bietet nicht nur eine einzigartige Lösung für Disziplinen, um in Nanoskalenbereiche vorzudringen, die in der Vergangenheit nicht erforscht werden konnten, sondern auch einzigartige Fertigungstechnologiemittel für ähnliche Ingenieurdisziplinen.

3. **Die Nanofertigung ist richtungsweisend für die Entwicklung der Industrie**

Derzeit beinhaltet die Technologie der Nanofertigung die Herstellung von zentralen Produkten in vielen Bereichen wie IT, Materialien, Umwelt, Energie, Biomedizin, Landwirtschaft, Luft- und Raumfahrt und nationale Verteidigungssicherheit, die eine wichtige unterstützende Rolle bei der zukünftigen Entwicklung von aufstrebenden Industrien von nationaler strategischer Bedeutung und der Erlangung eines hohen internationalen wissenschaftlichen und technologischen Rangs spielen. Zum Beispiel hat die Europäische Union in den letzten Jahren die Mittel für die Herstellung und Anwendungsforschung von Graphen und anderen zweidimensionalen Materialien erhöht. Das Ziel besteht darin, die grundlegende führende Rolle der Nanofertigung zu stärken, neue Betätigungsfelder in den Bereichen Biologie und Energie zu eröffnen und die Führungsrolle in der zukünftigen wissenschaftlichen und technologischen Entwicklung zu übernehmen.

Im Bereich der Biomedizin entwickelt sich die Kombination von Nanofertigung, Biologie und Medizin schnell zu einem Schwerpunkt und Hotspot der aufstrebenden wissenschaftlichen Forschungsfelder, die definitiv einen signifikanten Einfluss auf die zukünftige Entwicklung der Biotechnologie und Pharmaindustrie und die Gestaltung der internationalen Industrien haben wird. Die Entwicklung der Nanofertigungstechnologie bietet eine brandneue Entwicklungsperspektive und bedeutende Kraft für das biomedizinische Feld und fördert auch die Entwicklung der Nanobiomedizin-Industrie.

Im Bereich der Energie bietet die Entwicklung der Nanofertigungstechnologie eine starke technische Unterstützung für Energieeinsparung, Emissionsreduktion und nachhaltige Entwicklungsziele. Sie ermöglicht die effiziente Nutzung und niedrige Emissionen traditioneller Energiematerialien, die Entwicklung von neuen Energiespeicher- und Energieumwandlungsmaterialien und die Verbesserung der solaren photothermischen und photoelektrischen Umwandlungseffizienz.

Im Bereich der neuen Materialien hat die Herstellung von Nanomaterialien eine beispiellose Revolution für die Entwicklung von herkömmlichen Materialien gebracht. Die einzigartigen optischen, elektrischen, thermischen und magnetischen Eigenschaften von Nanomaterialien und Bauteilen wurden in größerem Umfang genutzt und entwickelt, was die Modernisierung und den Ersatz von traditionellen Industrien gefördert hat.

Im Bereich der IT und Kommunikation hat die Entwicklung der Nanofertigungstechnologie der Menschheit eine Lösung geboten, um den Mangel an Ressourcen und Energie mit den Vorteilen der Informations- und Softwaretechnologie auszugleichen, und hat eine beispiellose innovative Herstellungsmethode für leistungsstarke, miniaturisierte und intelligente Produkte bereitgestellt.

In dem 2016 dem US-Kongress vorgelegten Bericht (GAO-14-181SP) wies das US Government Accountability Office (GAO) darauf hin, dass der Beitrag der Nanofertigungstechnologie zur Wirtschaft den der Halbleitertechnologie übertreffen und um 2025 zu einer der Hauptstützen der wirtschaftlichen Entwicklung werden wird.

2.2 Nationale strategische Anforderung und Entwicklungstrend der Nanofertigung

Seit Beginn des 21. Jahrhunderts haben Regierungen verschiedener Länder klarer erkannt, dass das strategische Ziel der Nanofertigung eine langfristige strategische Aufgabe ist und dass sie anhaltende und stabile Unterstützung geben müssen, um ihre Entwicklung zu fördern. Als die Innovationsquelle der Technologien neuer Generation muss die „Grundlagenforschung zur Nanofertigung“ gestärkt werden, und die „Grundlagenforschung zur Nanofertigung“ sollte von besonderem nationalen Interesse sein. Europa, die Vereinigten Staaten, Japan und andere Länder haben nacheinander Regierungsstrategieberichte über die Entwicklung der Nanofertigungstechnologie formuliert. Das gemeinsame Merkmal ist, dass sie alle die anwendungsorientierte Funktion betonen, die Forschungsstärke verschiedener Disziplinen integrieren und eine integrierte Forschungsplattform für Forschung, angewandte Forschung und Technologietransferforschung einrichten. Die aufstrebenden technologischen Merkmale der Nanofertigung bieten Möglichkeiten für andere Länder, einen Sprung in der Entwicklung im Bereich der Wissenschaft und Technologie zu erreichen. China, Brasilien, Indien und andere Länder und Regionen haben entsprechende Regierungspläne nach ihrem jeweiligen wirtschaftlichen und technologischen Status aufgestellt, mit dem Ziel, den Kern der Wettbewerbsfähigkeit in Wissenschaft und Technologie gegenüber europäischen und amerikanischen Ländern durch die Förderung und Beschleunigung der Entwicklung der Nanofertigungstechnologie zu verbessern. In den letzten Jahren hat China mit der kontinuierlichen Unterstützung und Förderung der grundlegenden Nanofertigung eine starke Dynamik der wissenschaftlichen und technologischen Entwicklung gezeigt. Es hat immer mehr innovative Leistungen im Wissenschafts- und Technologiebereich der Nanofertigung erbracht und spielt eine immer prominentere unterstützende Rolle bei der Entwicklung aufstrebender Industrien.

1. **Bedarf an Nanofertigung in den Entwicklungsstrategien verschiedener Länder**

Unter den Befürwortern der Nanotechnologie-Innovationsstrategie hat die wissenschaftliche und technologische Gemeinschaft stets darauf bestanden, Substanzen auf einer Nanoskala zu verstehen und zu kontrollieren, in der Erwartung, eine neue Runde der technologischen und industriellen Revolution durch die Industrie auszulösen. Nach Jahren der Politikumsetzung in verschiedenen Ländern wurde die ursprüngliche Absicht der Nanotechnologieforschung im Grunde genommen realisiert, was die große Begeisterung der Regierung, der wissenschaftlichen und technologischen Kreise und der Industrie für die nachhaltige Entwicklung der Nanotechnologie vollständig angeregt hat.

Seit 2014 haben die Vereinigten Staaten eine Reihe von auftragsorientierten Forschungsprogrammen nacheinander herausgegeben. Das wichtigste Think-Tank des Weißen Hauses, die Advanced Research Projects Agency des US-Verteidigungsministeriums, und andere Institutionen und Beratungsunternehmen haben weiterhin strategische Pläne für die Nanofertigung wie „Research Strategy for the Development of Nanomanufacturing", „Prospect for the Development of Nanomanufacturing in 2020", „Manufacturing from Atoms to Products", „Sustainable Nanomanufacturing" und „Major Challenges Caused by Nanotechnology: Future Computing", welche die wichtige Position der Nanofertigungstechnologie in der Entwicklung der Nanotechnologie widerspiegeln [1, 2, 3, 4, 5, 6]. Im Jahr 2017, unter der Leitung des Nationalen Wissenschafts- und Technologierats (NSTC), überarbeitete das NNI die Entwicklungsziele im Bereich der Nanotechnologie und Technologie und stellte die Nanotechnologie-Schlüsselinitiativen und Grand Challenges (NSIs) vor, wobei die Schlüsselinitiativen der Nanofertigung als primäres Entwicklungsziel genommen wurden. Mit der Unterstützung von Nanotechnologie und Industrie wurde Massenproduktion erzielt [7]. In der Folge dieses programmatischen Dokuments haben das US-Verteidigungsministerium, das US-Institut für Normen und Technologie, die US-Naturwissenschaftliche Stiftung von China und andere Abteilungen nacheinander ihre eigenen Entwicklungspläne für die Nanofertigung formuliert, in der Hoffnung, eine Reihe neuer Errungenschaften in verwandten Bereichen zu erzielen.

Angesichts der großen Verlockung der Aussichten der Nanofertigung lässt sich die EU nicht abhängen. In den Jahren 2002, 2006 und 2007 wurden der Sechste Rahmenplan, der Siebte Rahmenplan und die Europäische Nanotechnologie-Entwicklungsstrategie formuliert, wobei die Nanofertigungstechnologie als einer der Schlüsselinhalte der Entwicklung der Nanotechnologie genommen wurde. Seit 2010 hat der EU-Nanotechnologie-Strategieplan begonnen, sich auf funktionale Materialien, neue Energie, Umwelt, Biomedizin, flexible Elektronik und andere Bereiche zu konzentrieren und hat nacheinander den „Graphen Flag-ship Plan" (2015), den „Human Brain Plan" (2014) und andere transnationale Kooperationsprojekte gestartet [8, 9,10, 11, 12]. Im Gesamtrahmen der EU haben auch die EU-Länder ihre eigenen Nanotechnologie-Entwicklungsstrategien formuliert, wie z. B. Deutschlands „Aktionsplan Nanotechnologie 2015" (2012) und „Aktionsplan Nanotechnologie 2020" (2016) [13], und der „Nano Functional Materials Research Plan" (2014), der vom Britischen Ingenieur- und Naturwissenschaftlichen Forschungsrat initiiert wurde [14]. Obwohl die Nanotechnologie-Entwicklungsstrategien von Deutschland, Frankreich, Großbritannien und anderen Ländern offensichtlich anders sind als die von Belgien, Dänemark, Finnland und anderen Ländern, starten alle Länder von ihren eigenen wissenschaftlichen und technologischen Prioritäten und dem jeweiligen industriellen Stand, konzentrieren sich auf den wissenschaftlichen und technologischen Rang im zukünftigen Teilbereich der Nanofertigung und unterstützen ihre Innovation und Durchbruch in der Nanotechnologie durch die Entwicklung der Nanofertigungstechnologie.

In der Asien-Pazifik-Region hat Japan, das in Wissenschaft und Technologie führend und wirtschaftlich aktiv ist, mehrere Nanotechnologie-Forschungs- und Entwicklungspläne vorgelegt, um die Entwicklung der Nanotechnologie zu stärken. Daher wurde die Entwicklung der Nanotechnologie in Japans „Plan für Wissenschaft und Technologie" aufgenommen und ein Forschungsausschuss wurde eingerichtet, um die Entwicklung und Förderung der Nanotechnologie strategisch zu leiten. In den letzten Jahren hat sich die japanische Regierung der systematischen Entwicklung der Nanotechnologie mit dem Ziel der problemorientierten Forschung gewidmet. Der „2013 Comparative Report on Nanotechnology Research and Development in Major Countries", veröffentlicht von der Japan Science and Technology Promotion Agency, wies darauf hin, dass die Entwicklung der Nanotechnologie in Japan in der Zukunft langfristige Aufmerksamkeit auf die drei Schlüsselrichtungen Bio-Nano, Green Nano und Nanoelektronik-Fertigung erfordert [15]. Der Zusammenfassungs- und Analysebericht über Forschung und Entwicklung von Nanotechnologie und Materialien in Japan, der 2015 von der Agentur veröffentlicht wurde, analysierte im Detail den Entwicklungstrend der Nanotechnologie in den Bereichen Umwelt und Energie, Gesundheit und medizinische Versorgung, soziale Infrastruktur, IT, Kommunikation und elektronische Produkte und Grundtechnologie in Japan. Der Entwicklungstrend der Nanotechnologie hat festgestellt, dass die Umwandlung von Grundlagenforschung in Produkte die Grundidee der Nanofertigungstechnologie ist [16]. Darüber hinaus hat im Jahr 2018 das Nano- und Materialwissenschafts- und Technologiekomitee unter dem Ministerium für Bildung, Kultur, Sport, Wissenschaft und Technologie von Japan auch die „Research and Development Strategy of Nano and Materials Science and Technology" herausgegeben, die Nano- und Materialtechnologie als Schlüsselbereich für Forschung und Entwicklung nimmt und vier große Maßnahmen vorschlägt, um die Materialrevolution zu verwirklichen: Schaffung neuer Materialien, die soziale Veränderungen bewirken können; Vertiefung des Wissenschaftssystems und Anwendung innovativer Materialien auf die Gesellschaft; Förderung der Entwicklung von Laborforschung und -entwicklung zu hoher Effizienz, hoher Geschwindigkeit und Präzision; Formulierung spezifischer nationaler Politiken zur Förderung der Materialrevolution [17].

Im Jahr 2014 veröffentlichte die Republik Korea die „Second National Nanotechnology Roadmap (2014–2025)" [18] in Übereinstimmung mit dem Entwicklungstrend der Nanotechnologie im In- und Ausland und der Richtung der nationalen Wissenschafts- und Technologiepolitik. Die Roadmap schlägt 21 technische Richtungen für die Entwicklung von Nanomedikamenten, hocheffizienten Leuchtdioden (LED)/organischen Leuchtdioden (OLED), Panelbeleuchtung, Hochleistungsnanofasern, ultraleichten Nanokomposit-Strukturmaterialien, Nanoanalyse- und messgeräten, Nanodünnschichtmaterialien, Nanosensoren, Nanoenergieumwandlungsgeräten, Nanohalbleitergeräten usw. vor und formuliert einen detaillierten Entwicklungsfahrplan. Die Republik Korea wird ihre Investitionen in die Nanofertigungstechnologie im großen Maßstab erhöhen, und ihr Anteil wird von weniger als 5 auf 10 % ausgeweitet. Das Ziel ist es, bis 2020 auf mehr als das Doppelte des bestehenden Investitionsvolumens zu erweitern, d. h. auf 800 Mrd. Won (etwa 750 Mio. US$).

Die Australian Academy of Sciences veröffentlichte ihren Bericht „Australia's National Nanotechnology Research Strategy" im Jahr 2012 [19] Es besteht die Hoffnung, dass die Nanotechnologie verwendet werden kann, um große herausfordernde Probleme zu lösen, und es wird vorgeschlagen, eine nanotechnologiegetriebene wirtschaftliche Entwicklung zu realisieren. Es ist notwendig, die Forschungs- und Entwicklungsmöglichkeiten der Nanotechnologie mit den großen Herausforderungen des Landes zu verknüpfen, die Nanofertigungstechnologie zu nutzen, um das volle Potenzial der großangelegten und multidisziplinären Zusammenarbeit in der Forschung auszuschöpfen und Lösungen für diese großen Probleme zu finden.

Im Jahr 2014 genehmigte die Regierung der Russischen Föderation den Bericht „Prediction of Science and Technology Development in the Russian Federation to 2030" [20], der die Schlüsselbereiche identifizierte, die die langfristige Entwicklung der Wirtschaft, Gesellschaft und Wissenschaft Russlands, die Marktaussichten für Russlands innovative Technologien und Produkte und die Forschungs- und Entwicklungsprioritäten in verschiedenen Bereichen beeinflussen. Der Bericht wies darauf hin, dass die Prioritätsbereiche der wissenschaftlichen und technologischen Entwicklung Russlands in der Zukunft Informationstechnologie und

Kommunikation, Biotechnologie, Medizin und Gesundheit, neue Materialien und Nanotechnologie, rationale Nutzung natürlicher Ressourcen, Transport- und Raumfahrtsysteme, Energieeffizienzverbesserung und Energieeinsparung sind und betonte die Notwendigkeit, die Durchbrüche der Nanotechnologie in verschiedenen Bereichen voll auszuschöpfen, kombiniert mit den nationalen Bedingungen des Landes und den weltweit herausragenden Leistungen im Bereich der Nanofertigung, die die effiziente und schnelle Entwicklung Russlands in verschiedenen Bereichen in den nächsten 15 Jahren fördern werden.

2. Die Anforderungen der chinesischen Entwicklungsstrategie an die Nanofertigung

Angesichts der großen Entwicklungsaussichten der Nanotechnologie folgt China den Vereinigten Staaten in der strategischen Ausrichtung der Nanotechnologie. Im Jahr 2000 wurde das Nationale Lenkungs- und Koordinationskomitee für Nanotechnologie gegründet und der Nationale Entwicklungsplan für Nanotechnologie (2001–2010) veröffentlicht, der ein Top-Level-Design für Chinas Nanotechnologiearbeit erstellte. Im Jahr 2006 veröffentlichte der Staatsrat den Entwurf des Nationalen Mittel- und Langfristigen Wissenschafts- und Technologieentwicklungsplans (2006–2020), und „Nanotechnologie“ wird als eines der Felder angesehen, die voraussichtlich einen Sprung in der Entwicklung in China erreichen werden. Die chinesische Regierung und relevante Institutionen haben kontinuierliche finanzielle Unterstützung für die Nanotechnologie bereitgestellt. Seit 2006 hat das Ministerium für Wissenschaft und Technologie den großen wissenschaftlichen Forschungsplan „Nano Research“ organisiert und umgesetzt, nach der Reform des Wissenschafts- und Technologieplanmanagements. Im Jahr 2016 startete das Ministerium für Wissenschaft und Technologie offiziell die Umsetzung des nationalen Schlüsselforschungs- und Entwicklungsplans. Als eines der ersten Schlüsselprojekte wird „Nanotechnologie“ die Anwendungsforschung der Nanotechnologie in Schlüsselindustrien in China weiter fördern. Im April 2013 startete die Chinese Academy of Sciences das Projekt „Focus on Transformative Nano Industry Manufacturing Technology“ (im Folgenden als „Nano Pilot Project“ bezeichnet), um die Entwicklung der Forschung zur Nanotechnologie in den Bereichen Nanomaterialien, Nanokatalyse und Nanoenergie zu fördern. Im Jahr 2010 startete die National Natural Science Foundation of China offiziell den Major Research Plan „Fundamental Research on Nanomanufacturing“ aus einer Fertigungsperspektive, um die Theorie und Schlüsselmethoden/-technologien neuer Prinzipien, neuer Methoden und neuer Prozesse der Nanofertigung zu erforschen. Im Einklang mit anderen Nanotechnologieprogrammen in China wurde das Forschungsniveau der Nanotechnologiefertigung in China verbessert, ein professionelles Team, das sich mit Nanotechnologiefertigung beschäftigt, wurde ausgebildet, und es wurden mehrere Forschungsteams mit weltweit führendem Niveau aufgebaut und mehrere international einflussreiche Führungskräfte hervorgebracht.

Die unterstützende Wirkung der Nanofertigung auf Chinas strategische Nachfrage spiegelt sich hauptsächlich in den folgenden fünf Aspekten wider.

Bereich der Chipfertigung. Die Chipfertigung ist die Flaschenhals-Technologie in der Gesamtentwicklung von Chinas Wissenschaft und Technologie und hat einen weitreichenden Einfluss auf Chinas nationale Verteidigung, Spitzenwissenschaft, fortschrittliche Fertigung, High-End-Ausrüstung und andere Bereiche. Wafer-Planarisierungsanlagen und Lithografiemaschinenausrüstung sind typische Vertreter dieser Flaschenhals-Technologie in der Chipfertigung in China. Der Schlüssel liegt darin: Wie kann man eine Profilgenauigkeit besser als $\lambda/500$ (d. h. 1–2 nm) für eine Lithografiemaschinenlinse mit einem Durchmesser von 300 mm erreichen? Derzeit liegt die Schwierigkeit bei der High-End-7-nm-Lithografiemaschine, die durch einen Boykott nicht nach China importiert werden kann, darin, wie man realisiert, dass die Bewegungsgenauigkeit der Belichtungsplattform besser als 2 nm ist und das Wafer-Polieren Ra <0,2 nm erreicht. Daher ist es dringend notwendig, Chinas Nanofertigungstechnologie und -ausrüstung zu entwickeln, um die Flaschenhals-Technologie der Chipfertigung zu durchbrechen.

Bereich der Weltraumbeobachtung. Für ein Großteleskopsystem für die Weltraumbeobachtung muss die Profilgenauigkeit besser als 1 μm und die Oberflächenrauheit besser als 1 nm auf der optischen Spiegelfläche mit Meterbreite realisiert werden. Die Fertigungsgenauigkeit und Führungspräzision von Marschflugkörpern sind die Hauptfaktoren, die die Treffgenauigkeit einschränken. Der Fertigungsfehler des Marschflugkörpers muss genau kontrolliert werden (wenn der Fehler um 1 μm zunimmt, weicht der Marschflugkörper um Hunderte von Metern vom Ziel ab). Daher wird die Nanofertigung, die sich hauptsächlich durch eine präzise und gleichmäßige Fertigung in Kleinserien auszeichnet, in diesem Bereich eine wichtige Unterstützung bieten.

Nationale strategische Bereiche. Bei der Bearbeitung von aufblasbaren Target-Pellets in großen nationalen Projekten werden in 2 mm großen Kugelschalen Löcher mit hohem Tiefen-Durchmesser-Verhältnis und Durchmessern von einigen Mikrometern bis zu mehr als zehn Mikrometern eingebracht. Konzentrische Senklöcher, die für aufblasbare Intubationen verwendet werden, erfordern eine extrem hohe Mikroporenqualität (wie Wärmeeinflusszone/Mikrorisse/Umschmelzschicht/Lochform). Daher wird die Nanofertigung, die durch Nanopräzision, Nanoskala und skalenübergreifende Fertigung gekennzeichnet ist, die Bedürfnisse der nationalen strategischen Fertigung unterstützen und die Verbesserung der nationalen Sicherheit und der nationalen Verteidigungsebene gewährleisten.

Biomedizinischer Bereich. China setzt die Entwicklungsstrategie Gesundes China um. Als wichtiger Schlüssel der Entwicklungsstrategie Gesundes China gilt die energische Förderung der Präzisionsmedizin. Beispiel Tumore: Die Forschung zur Krebsgenomik beschleunigt sich derzeit weltweit. Um eine genaue Diagnose und Behandlung von Tumoren zu erreichen, ist die Schnittstelle mehrerer Disziplinen erforderlich, einschließlich nicht nur der Gensequenzierungstechnologie, sondern auch der menschlichen Proteom- und Metabolomtechnologie, sogar der molekularen Bildgebung, molekularen Diagnose, endoskopischen minimalinvasiven Technologie, zielgerichteten Medikamenten, Big-Data-Analysetools usw.

Da es die Überwachung, Diagnose und Behandlung auf der zellulären oder molekularen Ebene beinhaltet, wird die Entwicklung der Nanofertigungstechnologie in China die schnelle Entwicklung der Präzisionsmedizin in China stark fördern.

Hochwertige nanopräzise wissenschaftliche Instrumente. Derzeit werden fast alle nanopräzisen wissenschaftlichen Instrumente in China importiert und 100 % der hochwertigen Instrumente in einigen Bereichen werden importiert. Chinas jährlicher Import von hochwertigen nanopräzisen wissenschaftlichen Instrumenten beträgt mehr als 10 Mrd. US$ und steigt jährlich um 30 %. Nanopräzise wissenschaftliche Instrumente sind zu einer großen Einschränkung für China geworden, um ein mächtiges Land in Wissenschaft und Technologie aufzubauen.

2.3 Entwicklungstrend der Nanofertigung in China

2.3.1 Entwicklungstrend der Forschung zur Nanofertigung in China

Im Bereich der Nanofertigung leistet China mittlerweile einen wichtigen Beitrag zum Fortschritt der Nanowissenschaft und -technologie in der Welt. Es ist eine führende Nation in der Forschung und Entwicklung von Nanowissenschaft und -technologie in der Welt. Einige grundlegende Forschungen haben das internationale Spitzenniveau erreicht. Derzeit zeigt die Nanofertigung in China den folgenden Entwicklungstrend.

Chinas Fertigungsniveau hat sich von der Makrofertigung (Millimeter-/Submillimeter-Fertigungspräzision) zur Mikronanofertigung (Mikron-/Submikron-Fertigungspräzision, in einigen Bereichen erreicht es die Nanopräzision) erweitert. Fertigungswerkzeuge haben sich von traditionellen Werkzeugen zu Hochenergiestrahlen erweitert, und neue Fertigungsprozesse, wie Laserbearbeitung, mechanochemisches Polieren, Self-Assembly, haben bedeutende Fortschritte gemacht.

Die chinesische Fertigung hat das Zeitalter der Nanopräzision eröffnet. Die Fertigungsgenauigkeit von nanopräzisen Oberflächen wie Chips und lithografischen Objektivlinsen erreicht *Ra* 0,05 nm und erreicht das weltweit führende Niveau; originelle Fertigungsmethoden wie die dritte Generation des Nanoimprints sind bahnbrechende Ingenieuranwendungen.

Die „Grundlagenforschung zur Nanofertigung“ in China hat die Forschung in verwandten Bereichen gefördert. Achtzehn Fertigungstechnologieprogramme, die von diesem Major Research Plan finanziert werden, sind in große nationale Forschungsprogramme wie das „National 02 Project“, „04 Project“, „0902 Project“ und das „Instrument Project“ eingetreten und haben eine Reihe von Schlüsselforschungs- und Entwicklungsprogrammen des Ministeriums für Wissenschaft und Technologie hervorgebracht.

Nach und nach besitzen wir die unabhängige Forschungs- und Entwicklungsfähigkeit von Nanofertigungsgeräten, und chinesische Stimmen werden laut, die sich für die Formulierung von Standards für die Nanofertigung einsetzen. Die selbst entwickelte Wafer-Polierprozessausrüstung ist in die internationale Mainstream-IC-Fertigungsproduktionslinie eingetreten; die selbst entwickelte Nanoimprint-Serienausrüstung wurde zur Massenfertigung von Produkten wie flexibler Elektronik angewendet; die selbst entwickelte Femtosekunden-Laserbearbeitungsausrüstung wurde in der Zündtechnik und anderen Schlüsselprojekten in China angewendet; fünf Standards für Nanofertigung/Charakterisierung wurden gebildet, einschließlich eines internationalen Standards.

Ein Nanofertigungsforschungsteam mit interdisziplinärer, vollständiger Abdeckung der Nanofertigungsrichtungen und einer herausragenden internationalen Position wurde wie eine große Anzahl von hochrangigen Nanofertigungstalenten ausgebildet.

1. **Der Entwicklungstrend der akademischen Forschung**

Mit der Unterstützung verschiedener Aspekte und Kanäle hat sich die Grundlagenforschung Chinas auf dem Gebiet der Nanofertigung schnell entwickelt. Das allgemeine Forschungsniveau hat die weltweit führenden Ränge erreicht und die Forschungsergebnisse in einigen Bereichen liegen an der Weltspitze. In Bezug auf die Grundlagenforschung ist die Anzahl der in China im Bereich der Nanofertigung veröffentlichten SCI-Artikel in die Weltspitze eingetreten, wie in Abb. 2.1 gezeigt. Aus der Abbildung geht hervor, dass seit der Umsetzung des Major Research Plan

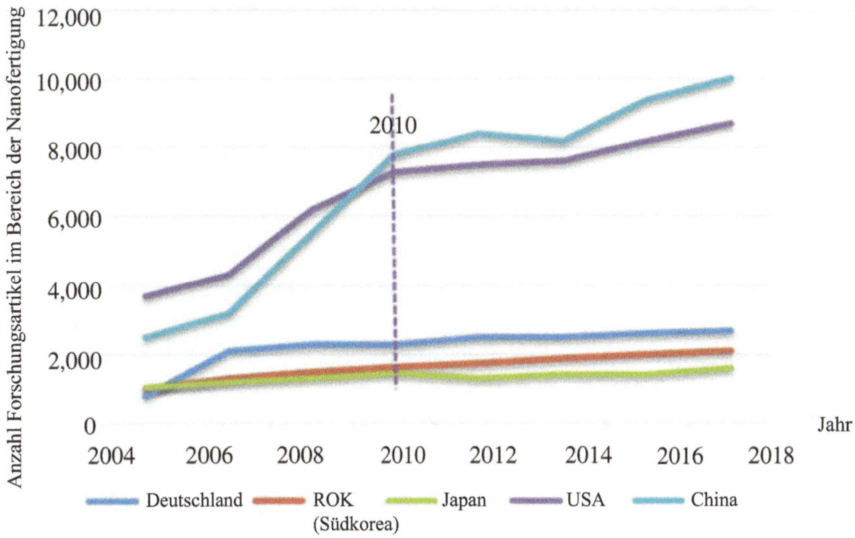

Abb. 2.1 Veröffentlichung von Forschungsartikeln im Bereich der Nanofertigung in China, unterstützt durch den Major Research Plan

im Jahr 2010 die Anzahl der in China in verwandten Bereichen veröffentlichten Artikel erheblich gestiegen ist und die Gesamtzahl die der Vereinigten Staaten leicht übersteigt. Insbesondere im Jahr 2017 erreichte die Anzahl der in internationalen wissenschaftlichen Zeitschriften der Nanofertigung veröffentlichten Artikel 9654, was weltweit den ersten Platz einnimmt, und die Top 1 % der am häufigsten zitierten Artikel belegten ebenfalls den ersten Platz weltweit (Abb. 2.2).

Die Forschungsergebnisse werden hauptsächlich in Fachzeitschriften für Nanofertigung in den Bereichen Physik, Chemie, Werkstoffe, Optik und Fertigung veröffentlicht. Zu den Zeitschriften, in denen die meisten Artikel veröffentlicht werden, gehören *J Mater Chem* (Materialchemie), *Appl Phys Lett* (Physik) und *Opt Lett* (Optik). Was die Veröffentlichung von Artikeln auf hohem Niveau betrifft, so werden Forschungsarbeiten hauptsächlich in *Nat Mater*, *Nat Phys, J Am Chem Soc*, Adv Mater, *Nano Lett* und *Phys Rev Lett* sowie in anderen wichtigen internationalen Zeitschriften veröffentlicht; zu den hochrangigen Zeitschriften mit speziell eingeladenen Übersichtsartikeln gehören *Chem Soc Rev, Energy & Environ Sci,Nano Today*, *Mater Today* usw.

2. **Der Status von Chinas „Grundlagenforschung zur Nanofertigung" in der Welt**

China verfügt über eine starke internationale Wettbewerbsfähigkeit in der Grundlagenforschung und angewandten Forschung zur Nanofertigung. Ende 2016 lag Chinas Beitrag zur „Grundlagenforschung der Nanofertigung" an zweiter Stelle nach den Vereinigten Staaten, wie in Abb. 2.2 dargestellt. Aufgrund des Einflusses grundlegender Ausrüstung, Prozesstechnologie, wissenschaftlicher Forschungsgelder, industrieller Grundlagen und anderer Faktoren besteht nach wie vor eine Lücke zwischen der Nanotechnologieforschung in China und der Weltspitze. Die Reife der Nanofertigung in China ist nicht hoch, und die Nanofertigung muss in industriellen Anwendungen verbessert werden.

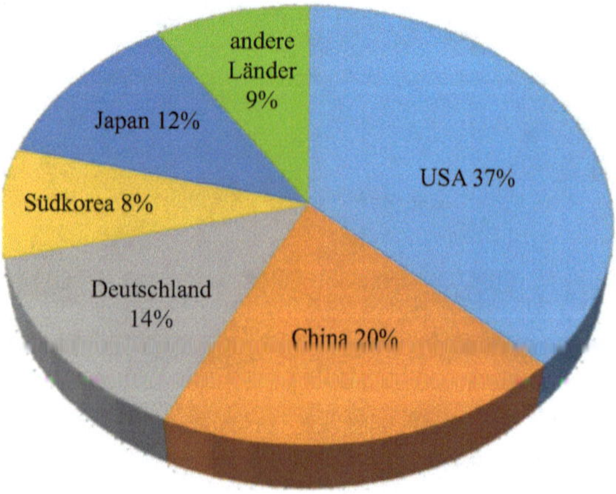

Abb. 2.2 Beitrag der Grundlagenforschung auf dem Gebiet der Nanofertigung in China mit Unterstützung des Major Research Plan im Vergleich zur restlichen Welt (Quelle: GAO Highlights of a Forum in Emergence and Implications of Nanomanufacturing, 2016)

2.3.2 Entwicklungstrend der Schlüsseltechnologien der Nanoproduktion in China

1. **Nanotechnologie und ihr Entwicklungstrend in China**

Die Nanofertigung ist ein unvermeidlicher Trend der Nanotechnologie und Technologieentwicklung. Mit Blick auf die großen Bedürfnisse der Chipfertigung, der thermonuklearen Fusion, der neuen Energie und der Ultrapräzisionsfertigung hat China die Nanopräzisionsfertigung, die Nanoskalenfertigung, die Cross-Scale-Fertigung und die Nanofertigungsausrüstung ausgewählt, die mit der zukünftigen Entwicklung der Nanotechnologie in China zusammenhängt und typische Schlüsselgrundlagenforschungsfelder als Durchbruchspunkte nimmt. Im Bereich der Grundlagenforschung zur Nanofertigung wurde eine Reihe von originalen Nanofertigungsprozessen und Geräteprinzipien im Grundlagenforschungsfeld der Nanofertigung erforscht. Es fördert die Querintegration von Fertigungswissenschaft mit Materialien, Physik, Chemie, Optik und IT. Eine Gruppe von herausragenden Talenten, die sich mit der Grundlagenforschung der Nanofertigung beschäftigen, wurde ausgebildet, und ein kollaboratives Innovationsteam der Nanofertigung wurde auf der Grundlage des gemeinsamen Labors „Grundlagenforschung zur Nanofertigung" gebildet, was das Niveau der Grundlagenforschung in verwandten Bereichen der Nanofertigung in China effektiv verbessert und die anfängliche Anwendung von Nanowissenschafts- und Technologieerfolgen gefördert hat. Eine Reihe wichtiger Fortschritte wurde in der Nanopräzisionsfertigung, der Nanoskalenfertigung und der Cross-Scale-Fertigung erzielt. Einflussreiche Artikel wurden in relevanten Top-Wissenschaftszeitschriften veröffentlicht, die auch eine starke Unterstützung für große nationale strategische Bedürfnisse wie Großprojekte in der Chipfertigung und große wissenschaftliche Projekte geboten haben.

2. **Entwicklungstrend der Rechte des geistigen Eigentums in derTechnologieforschung**

In Bezug auf die angewandte Forschung hat die Anzahl der in China beantragten oder genehmigten inländischen Patente erheblich zugenommen. Nach Statistiken erreichte die Anzahl der Patente im Zusammenhang mit der Nanofertigung von 2015 bis 2018 fast 6300, etwa 1,5-mal so viele wie in den Vereinigten Staaten, und belegte den ersten Platz weltweit. Der Entwicklungstrend der von diesem Major Research Plan finanzierten Patente ist in Abb. 2.3 dargestellt. Dies zeigt, dass die Forschung und Entwicklung der Nanotechnologie in China das weltweit führende Niveau erreicht hat. Chinas angewandte Forschung hat große Aufmerksamkeit von der internationalen Gemeinschaft auf sich gezogen, und einige Errungenschaften der angewandten Forschung wurden mehrmals von bekannten internationalen Medien vorgestellt.

Was den Aufbau von Grundlagen betrifft, hat China nacheinander nationale Forschungszentren für Nanowissenschaften wie das „National Nanoscience

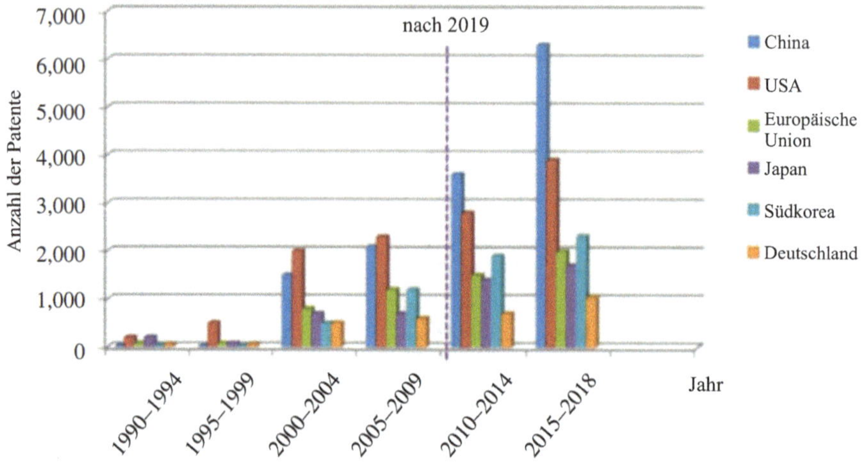

Abb. 2.3 Patententwicklungstrend, finanziert durch den Major Research Plan

Center" und das „National Engineering Research Center for Nanotechnology and Applications" errichtet. Darüber hinaus wurden nach und nach etwa 40 regionale oder industrielle Nanoforschungszentren mit unterschiedlichen Merkmalen eingerichtet. Insbesondere haben Universitäten oder wissenschaftliche Forschungseinrichtungen und Unternehmen gemeinsam einige Forschungszentren eingerichtet, die auf Anwendungen abzielen.

2.3.3 *Förderung des Projekts zur Nanofertigung in China*

Während der Umsetzung dieses Major Research Plan wurde stets auf die Spitze der internationalen Nanofertigungsentwicklung gezielt, originelle neue Prinzipien und Methoden der Nanofertigung entwickelt und sich der Lösung des Engpassproblems und der Flaschenhals-Technologie der Nanofertigung in China gewidmet. Nach acht Jahren kontinuierlicher Unterstützung wurden mehrere Schlüsselprobleme der Wissenschaft und Technik im Zusammenhang mit der Präzisionsverbesserung und der Serienfertigung im Nanofertigungsprozess gelöst, und das theoretische System und die technische Grundlage des Nanofertigungsprozesses und der Ausrüstung wurden zunächst etabliert, was die theoretische Grundlage und die technische Ausrüstungsunterstützung für die Konsistenz und die Serienfertigung der Nanofertigung bietet.

Im Bereich der Nanopräzisionsfertigung wird das Prinzip der schichtweisen Entfernung von atomaren Materialien auf Nanopräzisionsflächen vorgeschlagen und die Theorie der Subnanometer-Oberflächenpräzisionskontrolle ist verfügbar, die das ultimative Polieren glatter Oberflächen auf atomarer Ebene realisiert und systematisch das allgemeine Problem der Genauigkeit bei der Oberflächenherstellung von Nanometer- bis Subnanometerpräzision löst, und es wurde in nationalen strategischen Bereichen wie der Chipfertigung und der Herstellung von Hochleistungslaserspiegeln angewendet und hat zu einer Abflachung der Wafer und einer Autonomie der Ausrüstung im Chipfertigungsprozess geführt.

In der Nanoskalenfertigung wird das Prinzip der Nanoimprint-Fertigung mit Grenzflächen-Ladungsregulierung vorgeschlagen, das Prinzip der dreidimensionalen Fertigung, die durch externe Felder induziert wird, und das Prinzip der hochpräzisen kontrollierbaren Fertigung von Nanostrukturen mit der Selbstbeschränkungsstruktur werden erforscht, wodurch der Engpass der Fertigungstechnologie für mehrskalige, speziell geformte Nanostrukturen gelöst wird. Es wurde auf die Bereiche der Antioberflächenvereisung von unbemannten Luftfahrzeugen, auf reversible Haftfilme im Weltraum und dergleichen angewendet und unterstützt effektiv die Entwicklung der damit verbundenen nationalen Verteidigungs- und Militärfelder in China. Das Prinzip und die Methode wurden auf großformatige kapazitive Touchscreens, Flachbildschirme (ultradünne Lichtleiterplatten) und andere Bereiche angewandt, sodass sie vom Labor in die industrielle Anwendung übergingen, vor- und nachgelagerte Innovationsketten bildeten und die mit der Nanobearbeitung verbundenen Industrien in China ins Leben riefen.

In der Cross-Scale-Fertigung wird ein neues Prinzip der ultraschnellen Laser-Raum-Zeit-Formung für die Mikronanobearbeitung vorgeschlagen, die Präzisionsübertragungstheorie und die Theorie der großformatigen konsistenten Fertigung bei der Herstellung großformatiger Mikronanostrukturen wurden aufgestellt. Die Ergebnisse wurden bei wichtigen nationalen wissenschaftlichen Projekten angewandt, wie z. B. bei der Montage der Linsengruppe der 193-nm-Lithografiemaschine, beim Bodentest der Segmenttrennung von Raumfahrzeugen und bei der Haltungsüberwachung von außeraxialen Parabolspiegeln in wichtigen nationalen Projekten zur Unterstützung der reibungslosen Umsetzung der nationalen Entwicklungsstrategie.

Im Bereich der Nanofertigungsgeräte hat China große Fortschritte und erfreuliche Erfolge in der Nanofertigungsausrüstung erzielt. Vom Import der gesamten Maschine zu Beginn des Projekts bis zur aktuellen unabhängigen Geräteentwicklung wurden einige essenziellen Geräte unabhängig hergestellt und 17 Sätze unabhängiger Geräte entwickelt.

Literatur

1. National Nanotechnology Initiative Strategic Plan (2014) https://www.nano.gov/about-nni
2. Nanomanufacturing: emergence and implications for US competitiveness the environment, and human health (2014–02–07). https://www.gao.gov/products/GAO-14-181SP
3. National Nanotechnology Initiative. http://www.nano.gov/sites/default/files/pub_resource/federal-vision-for-nanotech-in-spiredfuture-computing-grand-challenge.pdf
4. DARPA MMW system programs and how they drive technology needs. https://www.darpa.mil/program/atoms-to-product
5. NSI: sustainable nanomanufacturing-creating the industries of the future. https://www.nano.gov/NSINanomanufacturing

6. Nanotechnology-inspired grand challenges. http://www.nano.gov/grandchallenges
7. How the US National Nanotechnology Initiative will develop “Nanomanufacturing”. http://www.sohu.com/a/219897052_686936. (in Chinese) (美国国家纳米计划将如何发展“纳米制 造”. http://www.sohu.com/a/219897052_686936)
8. The European roadmap for graphene science and technology. http://graphene-flagship.eu/?news=the-european-roadmap-for-graphene-science-andtechnology
9. Research funding organisations in Europe launch their funding instruments in support of the flagship initiatives on Graphene and Human Brain. http://www.flagera.eu/extra-files/FLAGERA_Press%20release_27102014.pdf
10. Flagera. http://www.flagera.eu/extra-files/FLAG-ERA_JTC2015_Call_Announce-ment.pdf
11. million for key enabling technologies-apply before 14 April 2015. https://ec.europa.eu/digital-agenda/en/news/electronics-eu100-million-bugdet-call-open-15-october
12. Korea brain initiative: integration and control of brain functions. https://www.icfo.eu/newsroom/news/3142-meso-brain-and-light-sheet-imagingtechniques
13. Aktionsplan nanotechnologie (2020). https://www.bmbf.de/pub/Aktionsplan_Nanotechnologie.pdf
14. Functional materials research gets £20 million boost from EPSRC. http://www.epsrc.ac.uk/newsevents/news/functionalmaterialsboost
15. 科学技術振興機構. 研究開発の俯瞰報告書が2013. http://www.jst.go.jp/crds/pdf/2013/FR/CRDS-FY2013-FR-01.pdf
16. Japan released a research and development report on nanotechnology and materials. https://news.sciencenet.cn/htmlnews/2016/3/340538.shtm. (in Chinese) (日本发布纳米科技和材料 研发报告. [2018–10–02]. https://news.sciencenet.cn/htmlnews/2016/3/340538.shtm)
17. ZHANG Y Y. Japan released the Research and Development Strategy of Nanometer and Materials Science and Technology. Science and Technology in China, 2019 (2):76–79. (in Chinese) (张翼燕.日本发布《纳米与材料科学技术研发战略》.科技中国, 2019 (2):76–79.)
18. 제4기나노기술종합발전계획대한민국나노혁신 2025(안). [2018–10–02]. http://www.nstc.go.kr/c3/sub3_1_view.jsp?regIdx=792&keyWord=&keyField=&nowPage=1
19. Aktionsplan Nanotechnologie 2020: eine ressortübergreifende Strategie der Bundesregierung. https://www.bmbf.de/pub/Aktionsplan_Nanotechnologie.pdf
20. https://www.bmbf.de/pub/Aktionsplan_Nanotechnologie.pdf

Kapitel 3
Nano-/Subnanometer-Präzisionsfertigung

Bingheng Lu, Jianbin Luo, Zhongqun Tian, Dongming Guo, Han Ding, Changzhi Gu, Zhihong Li und Ming Liu

Die Fertigung von Oberflächen mit Nanopräzision wird in vielen Hightechbereichen wie der Herstellung von integrierten Schaltkreisen (VLSI) und der hochpräzisen optischen Fertigung eingesetzt, die eine starke Unterstützung für die Entwicklung von Verteidigung, Wirtschaft, Wissenschaft und Technologie bietet. Als Beispiel sei die integrierte Schaltung (IC) genannt, bei der die hochpräzise Waferbearbeitung und die hochpräzise Lithografie von Objektivlinsen zwei entscheidende Technologien in der IC-Fertigung sind.

Für die Waferoberflächenfertigung erfordert der Prozess mit Merkmalsabmessungen kleiner als 14 nm, dass die Waferoberflächenrauheit *Ra* mit einem Durchmesser

B. Lu (✉)
Xi'an Jiaotong Universität, Xi'an, Shaanxi, China
E-Mail: bhlu@mail.xjtu.edu.cn

J. Luo
Tsinghua Universität, Peking, China

Z. Tian
Xiamen Universität, Xiamen, Fujian, China

D. Guo
Dalian University of Technology, Dalian, Liaoning, China

H. Ding
Huazhong Universität für Wissenschaft und Technologie, Wuhan, Hubei, China

C. Gu
Institut für Physik, Chinesische Akademie der Wissenschaften, Peking, China

Z. Li
Tianjin Universität, Tianjin, China

M. Liu
Schule für Mikroelektronik, Universität für Wissenschaft und Technologie von China, Hefei, Anhui, China

B. Lu, *Grundlegende Forschung über die Herstellung von Nanopartikeln*,
https://doi.org/10.1007/978-3-662-69235-6_3

von 300 mm 0,1 nm erreicht und die Materialdickenschwankung auf eine Größenordnung von 30 nm, d. h. $1/10^7$ des Durchmessers, kontrolliert werden sollte, dabei dürfen die Oberfläche und der Untergrund keine Schäden und Defekte wie Risse, Restspannungen und Kratzer aufweisen. Für das Lithografieobjektiv erfordert der Lithografieprozess mit einer Merkmalsabmessung von 14 nm extrem ultraviolettes (EUV) Licht mit einer Wellenlänge von 13,5 nm, seine optischen Teile des Lithografiesystems benötigen eine vollfrequente Fehlerkontrolle: Der niederfrequente Oberflächenfehler (die räumliche Periode beträgt 1 mm bis zur vollen Apertur der optischen Teile) muss 0,25 nm RMS erreichen, der mittelfrequente Rauheitsfehler (die Periode beträgt 1 μm – 1 mm) muss etwa 0,2 nm RMS betragen, der hochfrequente Rauheitsfehler (die Periode beträgt weniger als 1 μm) muss weniger als 0,1 nm RMS betragen. In anderen Bereichen, wie der Substratoberflächenfertigung in der LED-Fertigung und der Spiegelfertigung von Hochenergielasern, erfordert ihre Oberfläche eine Subnanometer-Rauheit (*Ra* kleiner als 0,2 nm) und Nanometer-Oberflächenpräzision (RMS kleiner als λ/50). Daher ist eine glatte Oberfläche mit hoher Ebenheit, extrem niedriger Oberflächenrauheit und wenigen Defekten eine gemeinsame Anforderung in den Bereichen Mikroelektronik, Optoelektronik und optische Fertigung. Insbesondere die Anforderungen an Oberflächenpräzision und Oberflächenrauheit liegen nahe an den physikalischen Grenzen, und Durchbrüche in den Prinzipien, Technologien und Methoden der Nanofertigung sind dringend erforderlich.

Wenn die traditionelle Fertigung, die durch Mikrometer-Präzision repräsentiert wird, zur Nano-/Subnanometer-Präzisionsfertigung übergeht, wird die relevante theoretische Grundlage von Molekularphysik, Quantenmechanik und Oberflächen-/Grenzflächenwissenschaft dominiert. Die Grundlagenforschung zu Schlüsselfragen wird gefördert, z. B. der Bildungsmechanismus und die Kontrollmethode von Oberflächen-/Untergrundschäden, das Migrationsgesetz von Atomen/Molekülen in der Subnanometer-Präzisionsoberflächenfertigung und sein Einflussmechanismus auf die Mikromorphologie und der Generierungsmechanismus und die Kontrollmethode der gleichmäßigen Konvergenz von Makro- und Mikromultiskalen-Subnanometerpräzision, was von großer Bedeutung ist, um die wissenschaftlichen Gesetze der Nanosicht und sogar der atomaren Skala aufzudecken und die Entwicklung der Nanofertigungswissenschaft zu fördern.

3.1 Theoretisches Modell und Methode zur Entfernung von Material in Atomlagen

Um den Entfernungsmechanismus von einzelnen Atomlagen zu erforschen, hat das Nanofertigungsforschungsteam der Tsinghua University die auf ReaxFF (reaktives Kraftfeld) basierende Molekulardynamikmethode verwendet, um den Interaktionsprozess zwischen Siliziumoxidpartikeln und Siliziummaterialien in Wasserumgebung während des Polierens zu simulieren, wodurch der Entfernungsmechanismus von Siliziumatomen und atomar geschichteten Materialien

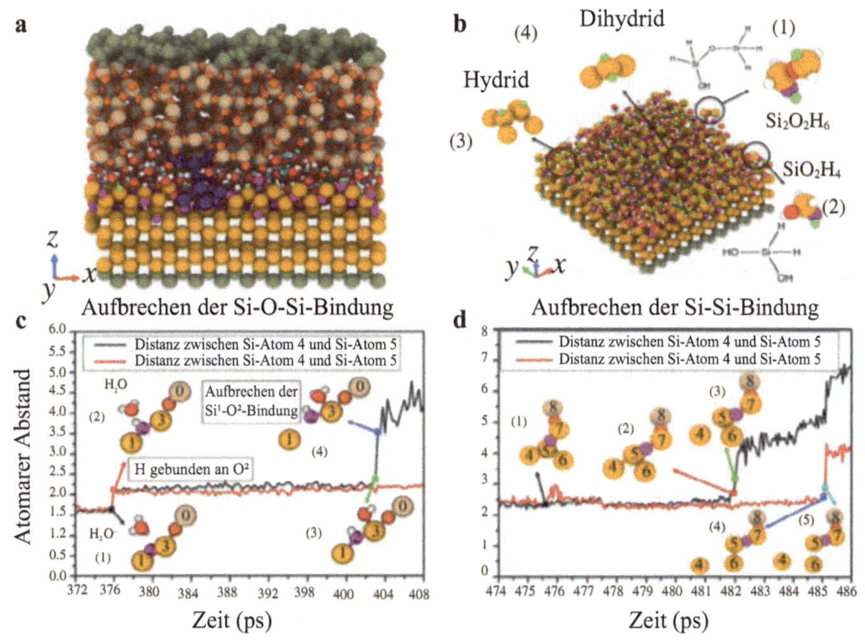

Abb. 3.1 Entfernungsmechanismus von Siliziumatomen und atomaren Schichtmaterialien (**a** Molekulardynamikmodell von ReaxFF (reaktives Kraftfeld); **b** Oberflächenreaktionsprodukt; **c** Entfernungspfad 1 für Siliziumatome: Si–O–Si-Bindungsbruch; **d** Entfernungspfad 2 für Siliziumatome: Si–Si-Bindungsbruch)

[1,2, 3, 4, 5] aufgedeckt wird, wie in Abb. 3.1a und b gezeigt. Durch das Verfolgen der Bindungs- und Bindungsbruchprozesse zwischen Atomen im Prozess des Grenzflächenrutschens wurde festgestellt, dass es hauptsächlich zwei Entfernungspfade für Siliziumatome auf dem Siliziumsubstrat gibt: Der erste Pfad wird durch das Brechen von chemischen Si–O–Si-Bindungen auf dem Substrat aufgrund von Dehnung verursacht, wie in Abb. 3.1c gezeigt; der zweite Pfad ist die Si–Si-Bindung des Substrats, die aufgrund von Dehnung bricht, wie in Abb. 3.1d gezeigt. Die Forschungsergebnisse legen eine theoretische Grundlage für die genaue Kontrolle der Materialentfernung bei der Oberflächenveredelung [6].

Es ist sehr wichtig, die Ultra-Präzisionsfertigung mit atomarer Präzision im Prozess der Nanobearbeitung zu realisieren, um die einzigartigen Funktionen von Nanoelektronikgeräten zu entwickeln. Theoretisch ist das Bearbeitungslimit von Halbleiterwafermaterialien die Entfernung einzelner Atomlagen. In der Vergangenheit konnten traditionelle Bearbeitungsmethoden, wie Diamantschneiden und später entwickelte Lithografietechnologie, dieses Bearbeitungslimit nicht erreichen. Obwohl die Atomlagenätztechnologie oder die fokussierte Ionenstrahllithografie eine atomare Präzisionsbearbeitung erreichen können, bringen sie Probleme wie oberflächenchemische Verschmutzung oder Defekte an der bearbeiteten Oberfläche mit sich.

Die Southwest Jiaotong University hat mit dem Nanomanufacturing-Team der Tsinghua University zusammengearbeitet. Durch quantitative experimentelle Forschung wurde das Gesetz der lagenweisen Entfernung bei einkristallinen Siliziummaterialien auf atomarer Ebene nachgewiesen und die Energieschwelle der atomaren Migration auf der Oberfläche von einkristallinem Silizium wurde quantifiziert. Auf dieser Grundlage wurde erstmals eine extrem präzise Bearbeitung auf der Oberfläche von einkristallinen Siliziummaterialien ohne Nutzung von Spaltflächen entlang von Schichtebenen auf der Basis von Rastersondentechnologie realisiert, d. h. kontrollierbare Entfernung von Monolagen-Siliziumatomen, wie in Abb. 3.2a und b [1, 7] gezeigt. Diese Methode ohne Charakteristik einer chemischen Korrosion benötigt keine Maske und könnte direkt durch tribochemische Reaktion in einer üblichen feuchten Umgebung betrieben werden. Im Gegensatz zum Verschleiß, Bruch und plastischer Verformung von Materialien in der traditionellen Bearbeitung wurde die tribochemische Entfernung von atomaren Materialien von einkristallinem Silizium hauptsächlich dem Abstreifen von Matrix-Siliziumatomen unter der atomaren Bindung zwischen gleitenden Grenzflächen zugeschrieben. Daher blieb die Kristallstruktur unter der Oberfläche des atomaren geschichteten Materials nach der Entfernung intakt, und es gab keine Defekte wie Gleiten oder Gitterverzerrung, wie in der Abb. 3.2c und d [8, 9] gezeigt. In dieser Studie wird durch Beobachtung mit einem hochauflösenden Transmissionselektronenmikros-

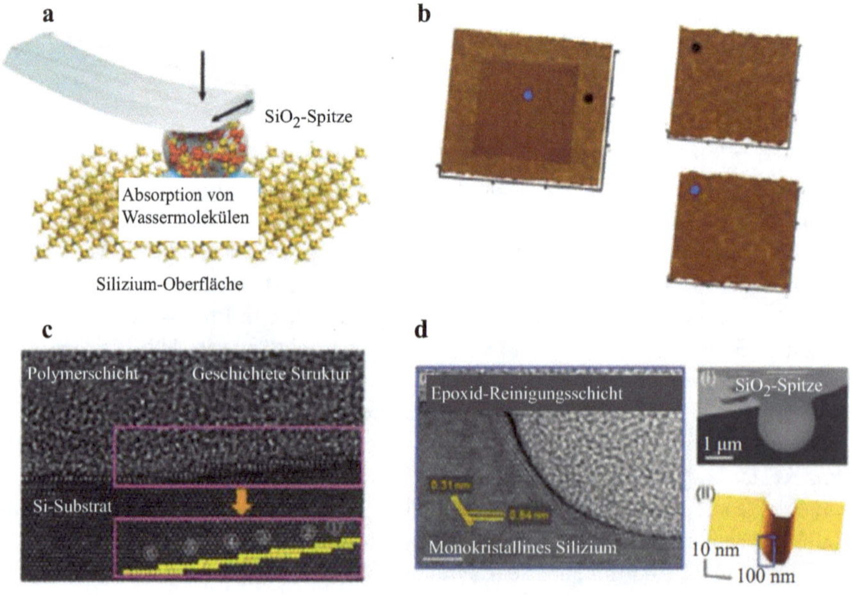

Abb. 3.2 Atomare Schichtentfernung bei einkristallinem Silizium (**a** Ein schematisches Diagramm; **b** Eine AFM-Topografie einer einzelnen primären Schicht, die auf dieser Oberfläche des einkristallinen Siliziums [100] entfernt wurde; **c** TEM-Charakterisierungsergebnis der geschichteten Entfernung von einkristallinem Siliziummaterial; **d** Tribochemische Entfernung ohne Schaden)

kop der direkte Beweis für die atomare Schichtentfernung bei einkristallinem Siliziummaterialien gegeben und der tribochemische Abstreifmechanismus von Siliziumatomen wird durch Kombination von Molekulardynamiksimulation aufgedeckt. Die lagenweise Entfernung von Wafermaterial stammt von dem Abstreifen von Siliziumatomen auf der Substratoberfläche unter der atomaren Bindung der gleitenden Grenzfläche. Im Prozess der geschichteten Entfernung von Wafermaterialien reduziert die mechanische Aktion die Energiebarriere des Si–Si-Bindungsbruchs, sodass die Reaktionsrate und der Kontaktdruck der Atome zwischen den Kontaktflächen unter Reibungsinduktion das atomare Entfernungsmodell erfüllen, nämlich die Arrhenius-Gleichung [1].

Die Forschung zur kontrollierbaren Entfernung von einzelnen Atomlagen auf Wafermaterialien auf der Basis von Tribochemie hat internationale Aufmerksamkeit erregt. Die Nachrichtenplattform der American Association for the Advancement of Science und ihre Zeitschrift *Science* veröffentlichten einen Sonderbericht über das Thema „Eine einfache Methode ätzt Muster auf atomarer Ebene", der von der American Chemistry Society, der deutschen Zeitschrift *MRS Bulletin* und der American Society of Tribologists and Lubrication Engineers auf ihren offiziellen Websites nachgedruckt und berichtet wurde. Professor Nicholas Spencer (Mitglied der Swedish Academy of Engineering), Chefredakteur von *Tribol Lett*, einer international renommierten Zeitschrift, und Professor Wilfred Tysoe, ehemaliger Chefredakteur, schrieben gemeinsam einen Artikel zum Thema „Tribochemische Regulation der atomaren Topologie" und bewerteten die Methode als „präzise Kontrolle des Tiefenätzens von einzelnen Atomlagen auf der Waferoberfläche, die einen signifikanten Einfluss auf andere wissenschaftliche Felder haben kann".

Auf der Grundlage der oben genannten Forschung zum Entfernungsmechanismus von Atomlagen, mit dem Ziel, das Problem zu lösen, wie man Defekte reduziert, die Tiefe der beschädigten Schicht reduziert und die Dünnschichteffizienz in der Waferdünnung verbessert, schlägt das Forschungsteam für Ultrapräzisionsbearbeitungstechnologie der Dalian University of Technology eine Kratztestmethode mit hoher Geschwindigkeit für die Nanoschnitttiefe von einzelnen Diamantpartikeln vor. Das Team entwickelt ein Hochgeschwindigkeitskratzgerät für die Nanoschnitttiefe von einzelnen Diamantpartikeln und ein einzelnes Diamantwerkzeug mit Nanokrümmungsradius. Es realisiert das Hochgeschwindigkeitskratzen (>30 m/s) für Nanoschnitttiefe auf der Oberfläche von einkristallinem Silizium und erhält ultralange Kratzer (Längen-Tiefen-Verhältnis $>10^5$) mit kontinuierlich wechselnder Tiefe von 0–1 µm, wie in Abb. 3.3 gezeigt. Es enthüllt den spröde-zähen Übergang von einkristallinem Silizium und das Entwicklungsgesetz von Oberflächen-/Untergrundschäden im Schleifprozess. Es schlägt die Beurteilungsmethode für die zähe Domänenbearbeitung von einkristallinem Silizium vor. Es etabliert das Modell der Tiefe von Untergrundschäden durch einzelne abrasive Partikel, die einkristallines Silizium in der zähen Domäne schneiden, und bestimmt die kritischen Bearbeitungsbedingungen für die effektive Entfernung von einkristallinem Silizium und zäher Domänenentfernung [10, 11, 12, 13, 14]. Durch Analyse der Beziehung zwischen einzelnen Diamantabrasivpartikeln und

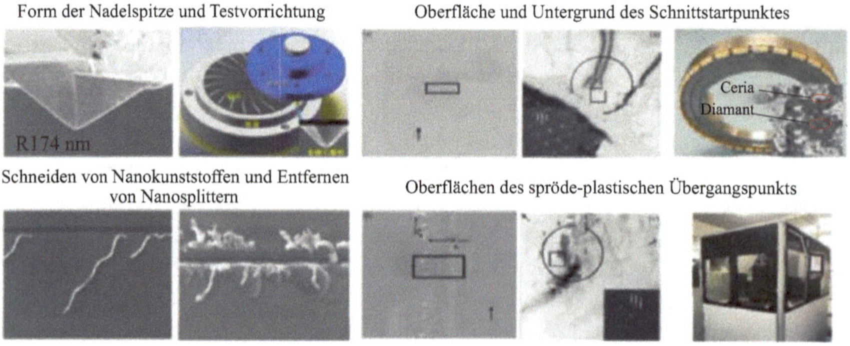

Abb. 3.3 Kratztestmethode mit hoher Geschwindigkeit zur Bestimmung Eindringtiefe eines Einzeldiamanten und Entwicklung einer neuen Schleifscheibe und eines Ultra-Präzisionsschleifers für Siliziumwafer

Schleifen und Schleifrad sowie der relativen Bewegung zwischen dem Schleifrad, den abrasiven Partikeln und dem Werkstück im Schleifprozess werden die Beziehungen zwischen der Schnitttiefe von Schleifpartikeln im Schleifprozess des Schleifrades und den Prozessparametern und den charakteristischen Parametern des Schleifrades bestimmt, das Schnitttiefenmodell von Schleifpartikeln des Diamantschleifrades und das Vorhersagemodell der Oberflächenschadenstiefe des Siliziumwafer-Schleifens aufgestellt sowie die Auswahlmethode der charakteristischen Parameter des Schleifrades und Schleifprozessparameter unter den Einschränkungen der Bearbeitung Effizienz und Oberflächenschadenstiefe vorgeschlagen [15, 16, 17, 18, 19]. Es wurde festgestellt, dass an der Anfangsposition der Entstehung des Abriebs die Unterschicht nur eine amorphe Schicht von 30–50 nm enthält, die die theoretische Mindesttiefe der Schäden durch das Ultra-Präzisionsschleifen von einkristallinem Silizium mit Diamantschleifrad bestimmt, und es wurden zwei neue Schleifräder und Ultra-Präzisionsschleifmaschinen für einkristalline Siliziumwafer entwickelt, die geringere Schäden verursachen. Die Schadenstiefe des einkristallinen Siliziumschleifens beträgt weniger als 15 nm (weiches Schleifrad mit Ceroxid, Materialabtragsrate 1 µm/min) und 48 nm (Ceroxid-Diamant-Verbundschleifrad, Materialabtragsrate 10 µm/min) wird realisiert. Die Oberflächen-/Untergrundqualität und Materialabtragsrate haben das fortgeschrittene Niveau ähnlicher Produkte in der Welt erreicht [20, 21, 22].

Das Nanofertigungsforschungsteam an der Tsinghua University hat eine extrem glatte Oberflächenpolitur auf atomarer Skala durch chemische mechanische Poliertechnologie erreicht. Bei harten und spröden Materialien wie Saphir und SiC kann die Oberfläche poliert werden, bis atomare Stufenmorphologie mit Stufenhöhen von 0,22 nm bzw. 0,25 nm auftritt, wie in Abb. 3.4 gezeigt. Nach theoretischer Berechnung ist die Stufenhöhe konsistent mit der durch Theorie simulierten atomaren Schichtdicke, was zeigt, dass die Oberflächenrauheit nach dem Polieren nahe an der physikalischen Grenze liegt. Für Siliziumsubstratmaterialien

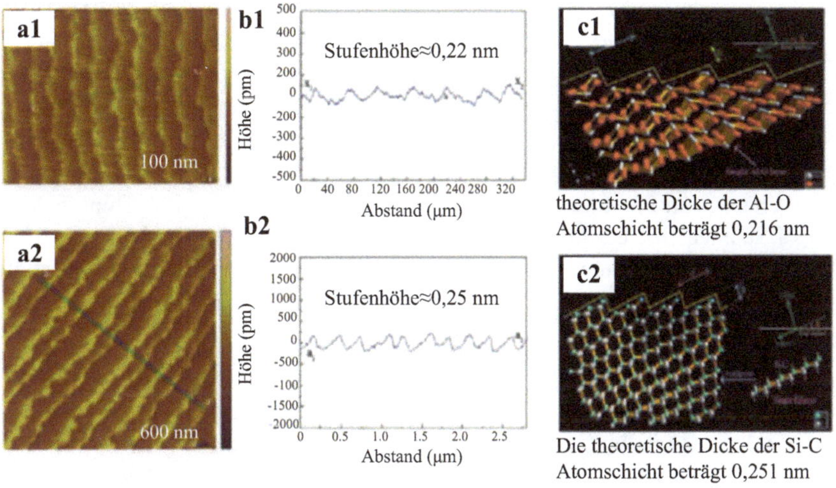

Abb. 3.4 Polierschritt-Topografie der ultraglatten Oberfläche (**a1–c1** Saphirsubstrat; **a2–c2** SiC-Substrat)

wurde eine ultraglatte Oberfläche von $Ra = 0{,}05$ nm durch Optimierung der Partikelgröße von Schleifpartikeln [23] erreicht, und das technologische Prinzip der Herstellung von Oberflächen mit niedriger Subnanometer-Rauheit auf Waferebene wurde etabliert und allgemein zugänglich gemacht. Es wurde ein technologisches Verfahren zur Realisierung einer großflächigen Oberflächenkonsistenz und einer niedrigen Subnanometer-Oberflächenrauheit entwickelt, das bei der Herstellung von regenerierten Wafern angewendet wurde.

3.2 Wichtige Ingenieuranwendung der Nanometer-Präzisionsfertigung

Das Ultra-Präzisionsbearbeitungsteam der National University of Defense Technology hat die Theorie der Subnanometer-Oberflächenpräzisionskontrolle studiert, entwickelte eine Methode zur Konvergenz des Subnanometer-Präzisionsfehlers im gesamten Frequenzband und stellte fest, dass der Frequenzbandfehler des lithografischen Objektivs besser als 0,3 nm ist [24, 25]. Das Einflussgesetz der Werkzeugcharakteristika [26,27] und der Mikrobereichsmaterialcharakteristika [28, 29] auf die Erzeugung von Subnanometer-Präzisionsoberflächen wird untersucht, und das nichtlineare Modell der Entfernungsfunktion und ein Aufenthaltszeit-Kompensationsalgorithmus [30, 31] werden erstellt, wie in Abb. 3.5a, b und c gezeigt. Dies offenbart den symbiotischen Mechanismus der atomaren/molekularen Materialentfernung, des Flusses und der Zugabe während des Ionen-Sputterns und realisiert

Subnanometer-Oberflächenpräzisionsbearbeitung und ultraglatte Oberflächenbearbeitung [32, 33]. Dies wird auf die selbst entwickelte Prozessausrüstung angewendet, wodurch der volle Frequenzbandfehler bei niedriger Frequenz 0,27 nm RMS, bei mittlerer Frequenz 0,124 nm RMS und bei hoher Frequenz 0,088 nm RMS sinkt, wie in Abb. 3.5d gezeigt, und das Problem der Bearbeitung des Linsenelements der Lithografie gelöst wird.

Das Changchun Institute of Optics, Fine Mechanics and Physics, Chinese Academy of Sciences hat ein komplettes Set von Ionenstrahlpolier- und Glättungspoliergeräten mit Subnanometerpräzision entwickelt, wie in Abb. 3.6a und b gezeigt,

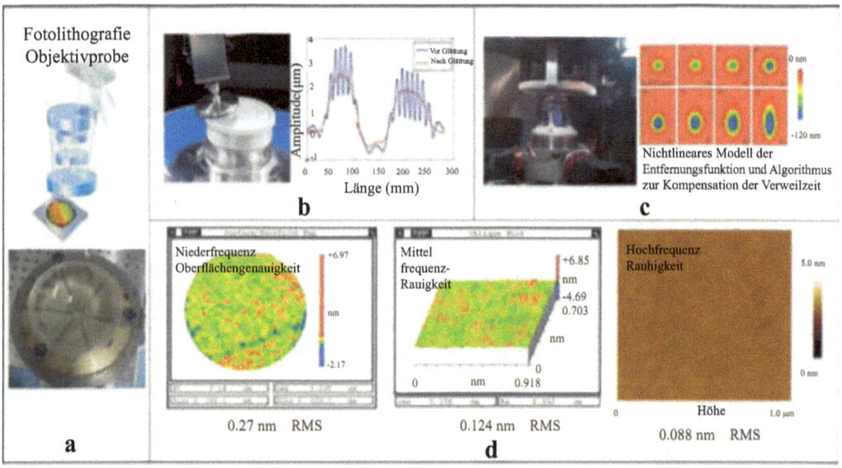

Abb. 3.5 Kombinationsprozess mit Subnanometerpräzision der gesamten Bandbreite von Lithografieobjektivlinsen (**a** Probe einer fotolithografischen Objektivlinse; **b** Glattes Polieren; **c** Ionenstrahlmodifikation; **d** Vollband-Oberflächenfehlerergebnis)

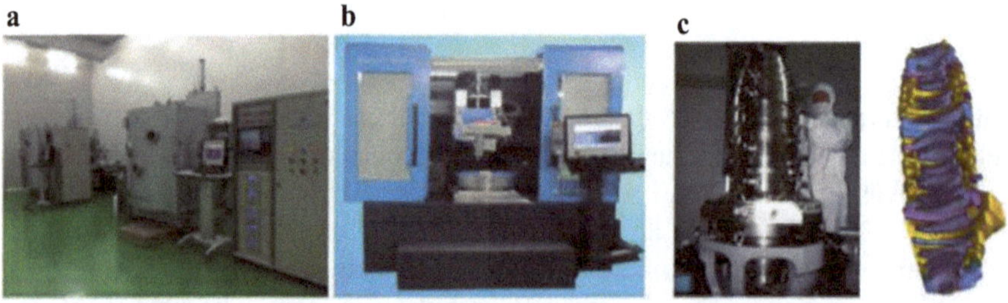

Abb. 3.6 Komplettes Set von Subnanometer-Präzisionsbearbeitungsgeräten (**a** Kompletter Satz von Geräten für das Ionenstrahlpolieren mit Subnanometerpräzision; **b** Kompletter Satz von Geräten für das glatte Polieren; **c** NA0.75-ArF-Lithografie-Projektionsobjektivlinse nach Bearbeitung und Ausrichtung)

das auf die Bearbeitung des Lithografieobjektivs des 193-nm-Lithografiebelichtungssystems angewendet wird, um erfolgreich ein Subnanometer-Präzisionslithografieobjektiv mit der niedrigen Frequenz besser als 0,5 nm RMS, der mittleren Frequenz besser als 1,3 nm RMS und einer hohen Frequenz besser als 0,2 nm RMS zu bearbeiten. Es wurde auch auf die Entwicklung des ersten Satzes von NA0.75-ArF-Lithografie-Projektionsobjektivlinsen im Jahr 2017 angewendet, die lithografische Auflösung besser als 85 nm wurde durch den Verifikationstest des gesamten Maschinenbelichtungsprozesses erzielt, wodurch das Haupthindernis für die Entwicklung der High-End-Lithografie in China durchbrochen wurde, wie in Abb. 3.6c gezeigt.

Für die Immersionslithografietechnologie unter 45 nm hat das Team der Zhejiang University die Schlüsselverhaltensweisen und Kontrollmethoden der Flüssigkeit untersucht, die ihre Belichtungsauflösung und Ausbeute beeinflussen, und hat eine Reihe von innovativen Errungenschaften in den Verhaltensweisen der Immersionsflüssigkeitsoberfläche und deren Kontrolle, Gas-Flüssigkeits-Zweiphasen-Rückgewinnung und dessen Modulation, der Erkennung von Strömungsfeldverteilungsmustern und Schadstoffkontrolle erzielt, wie in Abb. 3.7 gezeigt. Auf dieser Grundlage wurde das Immersionssystem, eine der vier Kernkomponenten der Immersionslithografiemaschine, entwickelt, die ultrareine Immersionsflüssigkeit wurde hergestellt, die kontrolliert zwischen der endgültigen Objektivlinse und dem Siliziumwafer gefüllt wurde, um die Rolle einer fließenden Einwegflüssigkeitslinse zu übernehmen, wodurch die numerische Apertur und die Belichtungsauflösung der Lithografiemaschine effektiv verbessert wurden.

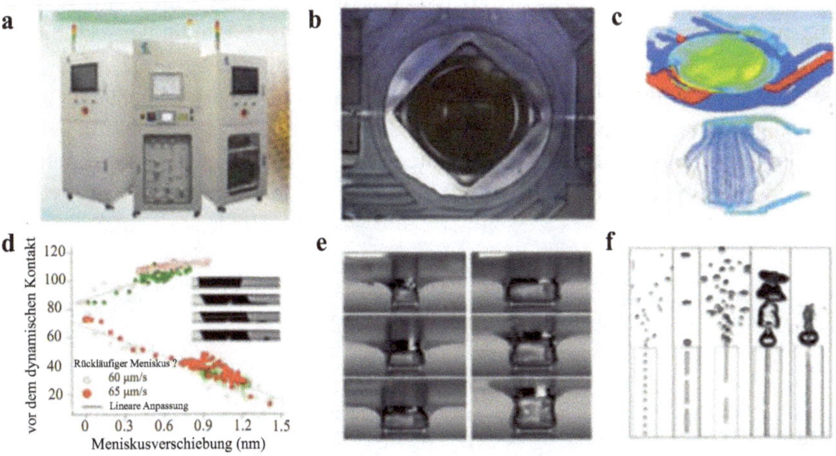

Abb. 3.7 Entwicklung des Immersionssystems der Lithografiemaschine (**a** Immersionsflüssigkeitsbehandlungs- und Lieferkontrollsystem; **b** Immersionskontrolleinheit; **c** Kontrolle des Immersionsflussfeldes; **d** Kontrolle der Restflüssigkeitsmembran auf der Oberfläche; **e** Stabilitätskontrolle der Luftmesserdichtungsschnittstelle; **f** Vibrationskontrolle der Gas-Flüssigkeits-Rückgewinnung des Immersionskopfes)

Derzeit werden die wichtigsten Leistungsindizes des Prototyps des Immersionsflüssigkeitssystems durchbrochen, sodass die Scangeschwindigkeit 600 mm/s erreicht, Blasen über 50 nm effektiv entfernt werden und der gesamte organische Kohlenstoff der Immersionsflüssigkeit unter 1 ppb kontrolliert wird. Die Produktentwicklung und der Kompetenzaufbau des 28-nm-Immersionssystems wird durch diese Errungenschaft mit der Unterstützung des „National 02 Project" (das Projekt der Fertigungstechnologie und kompletten Technologie für sehr hoch integrierte Schaltkreise) durchgeführt.

3.3 Prozessausrüstung für Nanometer-Präzisionsfertigung

Um die Situation umzukehren, dass Chinas Nanopräzisionsfertigungsausrüstung lange Zeit von anderen abhängig war, wurde mit der Unterstützung dieses Großforschungsplans – um das Thema „Nanopräzisionsfertigung" – eine Reihe von verwandten Forschungsprojekten durch Einsatz und Förderung, Schlüsselunterstützung, Integration und andere Formen umgesetzt, und eine Reihe von verwandten Technologien und Ausrüstungsreserven, vertreten durch chemisch-mechanische Polier(CMP)-Ausrüstung, wurde erlangt. Das Nanofertigungsforschungsteam der Tsinghua University hat CMP-Ausrüstung auf der Grundlage der Theorie der Oberflächen-Subnanometer-Präzisionsfertigung entwickelt und sie auf hochintegrierte Schaltkreisproduktionslinien angewendet. Nachdem viele Schlüsseltechnologien wie Mehrzonen-Druckkontrolle, Endpunkterkennung, Waferübertragung und Nachreinigung [34, 35, 36] überwunden wurden, wurde die erste 12-Zoll-„dry in and dry out"-CMP-Anlage in China entwickelt. Durch die Umsetzung von wissenschaftlichen Forschungsergebnissen wurden kommerzielle Modelle wie die Universal-300-Serie erfolgreich eingeführt, und sie sind nacheinander in die Semiconductor Manufacturing International Corporation (SMIC), Intel, Yangtze Memory und andere fortschrittliche integrierte Schaltkreisproduktionslinien im In- und Ausland eingestiegen, wie in Abb. 3.8a und b gezeigt. Bis zum zweiten

Abb. 3.8 Anwendung von CMP-Ausrüstung (**a–b** CMP-Ausrüstung wird in der SMIC-integrierten Schaltkreisproduktionslinie angewendet; **c** CMP-Ausrüstung der Forschungsgruppe der Tsinghua University, ausgewählt in der „National12th Five-Year Science and Technology Innovation Achievement Exhibition")

Quartal 2019 wurden mehr als zehn 12-Zoll-CMP-Geräte kumulativ verkauft, und die Massenproduktion von Wafern überstieg 800.000, mit einem Wert von über 400 Mio. US$. Durch die Überprüfung verschiedener vorderer und hinterer Schlüssel-CMP-Prozesse wie STI, W, Cu, TSV, 3D NAND, Si, kann es die Prozessanforderungen von 28- bis 90-nm-Technologieknoten erfüllen, das ausländische Monopol brechen und das Problem effektiv lösen, dass Polierausrüstung in der Chip-Herstellung von anderen abhängig ist.

Literatur

1. Chen L, Wen J, Zhang P et al (2018) Nanomanufacturing of silicon surface with a single atomic layer precision via mechanochemical reactions. Nature Commun 9(1):1542
2. Li H, Wang T, Zhao Q et al (2015) Kinematic analysis of in situ measurement during chemical mechanical planarization process. Rev Sci Instrum 86(10):105118
3. Wen J, Ma T, Zhang W et al (2017) Atomistic mechanisms of Si chemical mechanical polishing in aqueous H2O2: ReaxFF reactive molecular dynamics simulations. Comp Mater Sci 131:230–238
4. Wen J, Ma T, Zhang W et al (2017) Surface orientation and temperature effects on the interaction of silicon with water: molecular dynamics simulations using ReaxFF reactive force field. J Phys Chem A 121(3):587–594
5. Wen J, Ma T, Lu X et al (2017) Atomic insights into material removal mechanisms in Si and Cu chemical mechanical polishing processes: ReaxFF reactive molecular dynamics simulations. ICPT: 1–3
6. Wen J, Ma T, Zhang W et al (2016) Atomic insight into tribochemical wear mechanism of silicon at the Si/SiO2 interface in aqueous environment: molecular dynamics simulations using ReaxFF reactive force field. Appl Surf Sci 390:216–223
7. Xiao C, Xin XJ, He X et al (2019) Surface structure dependence of mechanochemical etching: scanning probe-based nanolithography study on Si (100), Si(110), and Si (111). ACS Appl Mater Interfaces 11:20583–20588
8. Liu ZH, Gong J, Xiao C et al (2019) Temperature-dependent mechanochemical wear of silicon in water: The role of Si-OH surfacial groups. Langmuir 35:7735–7743
9. Wang XD, Kim SH, Chen C et al (2015) Humidity dependence of tribochemical wear of monocrystalline silicon. ACS Appl Mater Interfaces 7:14785–14792
10. Zhang Z, Guo D, Wang B et al (2015) A novel approach of high-speed scratching on silicon wafers at nanoscale depths of cut. Sci Rep 5:16395
11. Haung N, Yan Y, Zhou P et al (2019) Elastic-plastic deformation of single-crystal silicon in nanocutting by a single-tip tool. Jpn J Appl Phys 58:086501
12. Zhang Z, Wang B, Kang R et al (2015) Changes in surface layer of silicon wafers from diamond scratching. Cirp Ann-Manuf Techn 64(1):349–352
13. Guo X, Li Q, Liu T (2016) Molecular dynamics study on the thickness of damage layer in multiple grinding of monocrystalline silicon. Mater Sci Semicon Proc 51:15–19
14. Guo X, Zhai C, Kang R (2015) The mechanical properties of the scratched surface for silica glass by molecular dynamics simulation. J Non-Cryst Solids 420:1–6
15. Gao S, Kang R, Dong Z et al (2013) Edge chipping of silicon wafers in diamond grinding. Int J Mach Tool Manu 64:31–37
16. Lin B, Zhou P, Wang Z et al (2018) Analytical elastic-plastic cutting model for predicting grain depth-of-cut in ultrafine grinding of silicon wafer. J Manuf Sci Eng 140(12):121001
17. Liu T, Guo X, Li Q (2017) Study on the surface damage layer in multiple grinding of quartz glass by molecular dynamics simulation. J Nano Res 46:192–202

18. Zhou P, Yan Y, Huang N et al (2017) Residual stress distribution in silicon wafers machined by rotational grinding. J Manuf Sci Eng 139(8):081012
19. Gao S, Huang H, Zhu X et al (2017) Surface integrity and removal mechanism of silicon wafers in chemo-mechanical grinding using a newly developed soft abrasive grinding wheel. Mater Sci Semicon Proc 63:97–106
20. Zhang Z, Cui J, Wang B et al (2017) A novel approach of mechanical chemical grinding. J Alloy Compd 726:514–524
21. Zhang Z, Du Y, Wang B et al (2017) Nanoscale wear layers on silicon wafers induced by mechanical chemical grinding. Tribol Lett 65(4):132
22. Gao S, Dong Z, Kang R et al (2013) Design and evaluation of soft abrasive grinding wheels for silicon wafers. Proc Inst Mech Eng Part B: J Eng Manuf 227(4):578–586
23. Li J, Liu Y, Dai Y et al (2013) Achievement of a near-perfect smooth silicon surface. Sci China Technol Sci 56(11):2847–2853
24. Nie X, Li S, Shi F et al (2014) Generalized numerical pressure distribution model for smoothing polishing of irregular midspatial frequency errors. Appl Opt 53(6):1020–1027
25. Nie X, Li S, Hu H et al (2014) Control of mid-spatial frequency errors considering the pad groove feature in smoothing polishing process. Appl Opt 53(28):6332–6339
26. Lu Y, Xie X, Zhou L et al (2016) Design and performance analysis of ultra-precision ion beam polishing tool. Appl Opt 55(7):1544–1550
27. Lu Y, Xie X, Zhou L et al (2017) Improve the optics fabrication efficiency by using a radio frequency ion beam figuring tool. Appl Optics 56(2):260–266
28. Liao W, Dai Y, Xie X et al (2014) Influence of local densification on microscopic morphology evolution during ion-beam sputtering of fused-silica surfaces. Appl Opt 53(11):2487–2493
29. Liao W, Dai Y, Xie X et al (2014) Microscopic morphology evolution during ion beam smoothing of Zerodur surfaces. Opt Express 22(1):377–386
30. Liao W, Dai Y, Xie X et al (2014) Mathematical modeling and application of removal functions during deterministic ion beam figuring of optical surfaces part 1: mathematical modeling. Appl Opt 53(19):4266–4274
31. Liao W, Dai Y, Xie X et al (2014) Mathematical modeling and application of removal functions during deterministic ion beam figuring of optical surfaces part 2: application. Appl Opt 53(19):4275–4281
32. Liao W, Dai Y, Xie X et al (2013) Combined figuring technology for high-precision optical surfaces using a deterministic ion beam material adding and removal method. Opt Eng 52(1):010503
33. Liao W, Dai Y, Xie X et al (2013) Deterministic ion beam material adding technology for high-precision optical surfaces. Appl Opt 52(6):1302–1309
34. Zhao D, Lu X (2013) Chemical mechanical polishing: theory and experiment. Friction 1(4):306–326
35. Li C, Zhao D, Wen J et al (2018) Evolution of entrained water film thickness and dynamics of Marangoni flow in Marangoni drying. RSC Adv 8(9):4995–5004
36. Li C, Zhao D, Wen J et al (2019) Numerical investigation of wafer drying induced by the thermal Marangoni effect. Int J Heat Mass Transf 132:689–698

Kapitel 4
Konsistente Herstellung von makro-, mikro- und nanoskaligen Strukturen

Bingheng Lu, Jianbin Luo, Zhongqun Tian, Dongming Guo, Han Ding, Changzhi Gu, Zhihong Li und Ming Liu

Nanotechnologie wird in vielen Bereichen wie IT, Optoelektronik, Materialien, Umwelt, Energie, Biologie, Medizin und nationale Verteidigungssicherheit weit verbreitet eingesetzt. Nanostruktur ist der funktionale Träger von fast allen Nanobauteilen/Produkten/Systemen, und ihr Formungsprinzip und -verfahren sind einer der Forschungsschwerpunkte der Nanofertigung. Ein planares Objektiv beispielsweise, ein Objektiv mit einer Dicke von nur 1 μm kann alle Arten von Lichtwellen jeglichen Polarisationszustands auf einen Punkt fokussieren, und seine Bildleistung entspricht der eines erstklassigen komplexen Linsensystems. Der funktionale Träger des planaren Objektivs ist seine Nanostruktur, die hauptsächlich durch „Superpixel"-Struktur mit charakteristischer Skala unterhalb von zehn Nanometern

B. Lu (✉)
Xi'an Jiaotong Universität, Xi'an, Shaanxi, China
E-Mail: bhlu@mail.xjtu.edu.cn

J. Luo
Tsinghua Universität, Peking, China

Z. Tian
Xiamen Universität, Xiamen, Fujian, China

D. Guo
Dalian University of Technology, Dalian, Liaoning, China

H. Ding
Huazhong Universität für Wissenschaft und Technologie, Wuhan, Hubei, China

C. Gu
Institut für Physik, Chinesische Akademie der Wissenschaften, Peking, China

Z. Li
Tianjin Universität, Tianjin, China

M. Liu
Schule für Mikroelektronik, Universität für Wissenschaft und Technologie von China, Hefei, Anhui, China

B. Lu, *Grundlegende Forschung über die Herstellung von Nanopartikeln*,
https://doi.org/10.1007/978-3-662-69235-6_4

gekennzeichnet ist; nanostrukturierte Materialien sind funktionale Materialien, z. B. fotoelektrische Materialien wie TiO_2; die Skala auf Bauteile- oder Systemebene kann mehr als 10 mm erreichen, was eine große Formatkonsistenz und Morphologiegenauigkeit gewährleistet.

Daher bleibt die Entwicklung der Nanostrukturherstellung nicht nur bei der Formgebung der Nanostruktur aus Opfermaterialien (d. h. Prozesshilfsmaterialien im Bearbeitungsprozess wie Fotolack), sondern liegt in verschiedenen spezifischen Funktionsmaterialien (d. h. dem endgültigen Arbeitsmedium des Geräts oder Systems), wie optischen Polymeren, Metallen, niedrigdimensionalen Nanokompositen und Halbleitern. Nanostrukturen mit gewünschten physikalischen/chemischen Eigenschaften können direkt oder über die kürzeste Prozesskette innerhalb des Bereichs der Geräte- oder Systemebene geformt werden. Als einer der Kernprozesse der Nanofertigung muss die „Nanostruktur-Prägeformung"-Technologie effizient, wirtschaftlich, konsistent und universell sein.

4.1 Prinzip und Methode der elektrisch gesteuerten Nanoprägung

Nanoimprint stellt Nanostrukturen her, indem das Konzept der Formreplikation im Bereich der mechanischen Fertigung verwendet wird. Es handelt sich um eine typische Technologie zur Herstellung von großformatigen Nanostrukturen. Sie hat die Vorteile von geringen Kosten, hoher Effizienz und hoher Auflösung und weist breite Anwendungsaussichten in der Mikroelektronik, Optoelektronik und charakteristischen Strukturen und Komponenten auf. Bei herkömmlichen Nanoimprint-Techniken, wie Heißprägen oder UV-Prägen, wird das Füllen der Formplatten-Kavität durch mechanische Belastung und Flüssigkeitsdruck realisiert. Wenn die Größe der Struktur abnimmt, steigt das Verhältnis der Oberfläche zum Volumen der Struktur-Kavität deutlich an, die zum Überwinden des Wandwiderstands während des Füllprozesses erforderliche externe Last steigt stark an. Eine große Prägekraft verursacht viele Probleme, wie strukturelle Verformung des Gerätesystems und der Form, grafische Strukturdefekte, Präzisionsverzerrung, die ernsthafte Herausforderungen für die hochpräzise Herstellung von Nanostrukturen darstellen. Es wurde von der International Device and System Technology Roadmap als Flaschenhals für die industrielle Anwendung von Nanoimprint eingestuft. Um den technischen Engpass von Nanoimprint zu durchbrechen, schlägt das Forschungsteam der Xi'an Jiaotong University das Prinzip und die Methode der durch elektrische Felder angetriebenen Nanoimprint-Technik vor, die die Füllleistung der elektrischen Feldregulierung bei der Steuerung der Mikroform an der Flüssig-Fest-Grenzfläche, der Steuerung der kooperativen Steuerung des multiphysikalischen Feldes und der Steuerung der Bildung des elektrischen Feldantriebs der Mikronanostruktur realisiert und damit den technischen Engpass der Nanoimprint-Technik im Prinzip durchbricht.

4.1.1 Nahezu druckloses Füllprinzip der elektrischen Feldsteuerung an der Flüssig-Fest-Grenzfläche

Die Benetzbarkeit ist der Schlüsselfaktor, der die Füllleistung beeinflusst. Prägestempel zeichnen sich typischerweise durch eine geringe Oberflächenenergie aus, mit dem Ziel, die Ablösehaftung zwischen der Nanostruktur und dem Stempel zu reduzieren. Diese geringe Oberflächenenergieeigenschaft führt jedoch oft dazu, dass das Füllmaterial auf der Stempeloberfläche in einem nicht benetzbaren Zustand ist, und der daraus resultierende Oberflächenspannungszusatzdruck, Flüssig-Fest-Grenzflächenwiderstand und andere Grenzflächeneffekte behindern das rheologische Füllen. Das Forschungsteam der Xi'an Jiaotong University schlug vor, den Grenzflächenspannungskoeffizienten von Flüssig-Fest zu reduzieren und die Füllkapazität durch die elektrische Feldsteuerung (d. h. Elektrobenetzungseffekt) der Benetzungseigenschaften der Fest-Flüssig-Grenzfläche zu verbessern. Wenn jedoch die Spannung bis zu einem bestimmten Punkt ansteigt, folgt die Änderung des Benetzungskontaktwinkels nicht mehr der Young-Lippmann-Theorie und zeigt einen gesättigten Zustand des Kontaktwinkels, der die elektrische Feldsteuerung der Grenzflächenbenetzbarkeit ernsthaft einschränkt. Die Wissenschaft hat die interne Mechanik der Kontaktwinkelsättigung aus thermodynamischer, elektromagnetischer und anderer Perspektiven untersucht und verschiedene Hypothesen zum Mechanismus der Kontaktwinkelsättigung aufgestellt, aber bisher gibt es keine direkten Beweise, und es gibt noch weniger Möglichkeiten, die Kontaktwinkelsättigung zu durchbrechen [1].

Das Forschungsteam hat die Versuchsmethode des „gefrorenen Elektronenmikroskops" angewendet, um die Flüssig-Fest-Grenzfläche in eine Fest-Fest-Grenzfläche zu verwandeln und den Einfluss des Flüssigkeitsflusses auf die Eigenschaften der Flüssig-Fest-Grenzfläche zu beseitigen und die ursprünglichen Oberflächeneigenschaften der Benetzungsfläche durch direkte Trennung der Fest-Fest-Grenzfläche zu studieren, wie in Abb. 4.1a gezeigt. Mit dieser Versuchsmethode wird ein direkter Beweis für die Ladungsinjektion an der Benetzungsfläche gefunden, und

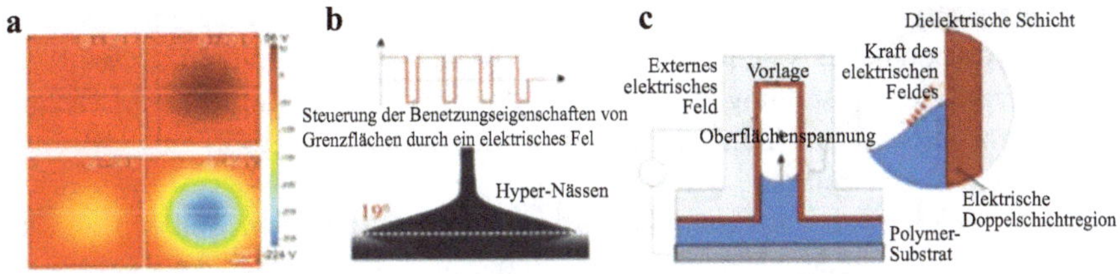

Abb. 4.1 Theorie und Methode der „Füllung mit nahezu null Druck" für die elektrische Feldsteuerung an der Festkörper-Flüssigkeitsgrenzfläche (**a** Grenzflächenladungsverteilung während der Elektrobenetzung; **b** Elektrische Feldsteuerung der Grenzflächenbenetzungseigenschaften; **c** Schematische Darstellung der elektrisch gesteuerten Füllung)

es wird festgestellt, dass die eingeschlossene Ladung der interne Mechanismus ist, der zur Kontaktwinkelsättigung führt, d. h., die eingeschlossene Ladung verhindert, dass der Kontaktwinkel mit der Spannung kontinuierlich abnimmt, indem sie das externe elektrische Feld abschirmt, was das Sättigungsphänomen der Elektrobenetzung verursacht. Durch die Anpassung der Grenzflächenladung wird eine Methode zur elektrischen Feldmodulation im superbenetzten Zustand vorgeschlagen, die den Abschirmeffekt der eingeschlossenen Ladung durch transientes Umschalten der elektrischen Feldpolarität in einen elektrischen Feldüberlagerungsverstärkungseffekt umkehrt, wodurch die Begrenzung der Kontaktwinkelsättigung durchbrochen wird, wie in Abb. 4.1b gezeigt. Die relevanten Theorien und Methoden sind in *Adv Mater* [2] veröffentlicht. Es wird angenommen, dass die Elektrobenetzungstechnologie weit verbreitet in der Industrie eingesetzt wird, aber die traditionelle Kontaktwinkelsättigung begrenzt ihre Leistung. Das Forschungsteam schlug eine neue Methode vor, um die Kontaktwinkelsättigungsgrenze durch Grenzflächenladung zu durchbrechen.

Basierend auf den superbenetzenden Eigenschaften von Flüssigkeiten im elektrischen Feld hat das Forschungsteam eine elektrisch gesteuerte Mikronanostruktur-Kavitätsfüllmethode entwickelt. Die Methode erhält eine konkave Gas-Flüssigkeitsgrenzfläche [2] in der Stempelkavität durch den Superdurchtränkungseffekt der Flüssigkeit, die entlang der Wandfläche an der Gas/Flüssigkeit/Festkörper-Dreiphasengrenze klettert, und kehrt die Wandflächenwirkung und die Oberflächenspannung der Gas-Flüssigkeitsgrenzfläche in Füllkraft um, wie in Abb. 4.1c gezeigt.

Der Füllwiderstand des herkömmlichen Nanoimprints stammt hauptsächlich vom Festkörper-Flüssigkeits-Grenzflächenwiderstand und der Gas-Flüssigkeits-Grenzflächenoberflächenspannung, und sein Widerstand erhöht sich signifikant mit der Abnahme der Größenskala. Daher ändert die Umkehrung der oben genannten Oberflächen-Grenzflächen-Interaktion tatsächlich den Größeneffekt, der das Füllen einschränkt, in den Größeneffekt, der dem Füllen zugutekommt, und löst so das Problem der Nanostrukturierten Kavitätsfüllung aus dem Prinzip und der Methode. Das Team hat weiterhin die Abhängigkeit der Amplitude, Frequenz, Wellenform und Tastverhältnis der Arbeitsspannung von den elektrischen Charakteristikparametern (Dicke, Dielektrizitätskonstante usw.) der dielektrischen Schicht auf der Oberfläche des leitfähigen Stempels und von den Charakteristikparametern (Viskosität, Dielektrizitätsschichtkonstante) des Füllmaterials geklärt. Das Prozessparametersystem des elektrisch gesteuerten Nanoimprints wird bereichert, und die Herstellung von Nanostrukturen (minimale Linienbreite 15 nm), Strukturen mit hohem Seitenverhältnis (Seitenverhältnis größer als 10) und Cross-Scale-Strukturen wird realisiert.

Im Vergleich zu den herkömmlichen Nanoimprint-Methoden weltweit beginnt die elektrisch gesteuerte Nanoimprint-Methode mit dem elektrischen Feldsteuerungsmechanismus der Grenzflächen-Benetzungseigenschaften. Es verzichtet vollständig auf die traditionelle Idee, dass der herkömmliche Imprint-Füllprozess vom externen Druck abhängt, wodurch der Einfluss der mechanischen Belastung auf den Formungsprozess eliminiert wird und eine theoretische Grundlage für die Herstellung von hochpräzisen Strukturen, Strukturen mit hohem Seitenverhältnis und spröden Substratoberflächenstrukturen mit nahezu null Druck geschaffen wird. [3]. Das Prinzip und die Methode werden von internationalen Experten angesehen als Entdeckung des Ladungseinschlussmechanismus der Flüssig-Fest-Grenzfläche, als Durchbrechen der Kontaktwinkel-Sättigungsgrenze der Elektrobenetzung, als effektive Beschleunigung der Füllung des Hohlraums durch Flüssigkeit und als Herstellungsfähigkeit seiner Struktur mit hohem Seitenverhältnis, das die Leistungsbegrenzung planarer Vorrichtungen durchbricht [4, 5, 6, 7]. Die Theorie und Methode der durch das elektrische Feld an der Flüssig-Fest-Grenzfläche gesteuerten Füllsynergie haben die grundlegenden Probleme in der Nanostruktur-Imprint-Herstellung gelöst, wie z. B. die hochpräzise, komplexe, funktionelle Materialvervollständigung, die Abdruckformung mit nahezu druckloser Oberfläche mit spröder Struktur und die effektive Förderung der Nanoabdrucktechnik von der Labor- zur technischen Anwendung.

4.1.2 Mikrogestaltungsmethode für die kooperative Steuerung multiphysikalischer Felder

Die dielektrophoretischen Eigenschaften von Flüssigkeiten ermöglichen es, komplexe Mikronanostrukturen herzustellen. Unter idealen Bedingungen kann die entsprechende Struktur durch Steuerung der elektrischen Feldverteilung auf der Flüssigkeitsoberfläche erzielt werden. Allerdings gibt es im Gegensatz zum idealen Zustand normalerweise mikroskopische Störungen auf der Oberfläche von dünnen Flüssigkeitsfilmen, die die Morphologieentwicklung von dünnen Flüssigkeitsfilmen unter elektrischem Feld ernsthaft beeinflussen und die Schwierigkeit der rheologischen Steuerung erhöhen. Wie man den Einfluss von mikroskopischen Störungen auf das strukturelle Evolutionsverhalten einschränkt und beseitigt, ist die Voraussetzung und der Schlüssel zur Realisierung der formkontrollierten Herstellung.

Das Forschungsteam der Xi'an Jiaotong University entdeckte den Evolutionsmechanismus jeder Störungskomponente von dünnen Flüssigkeitsfilmen unter einheitlichem elektrischem Feld, beobachtete das Phänomen der elektrischen Feldverstärkung von spezifischen Störungswellenlängen und klärte das inhärente Gesetz der Einzelwellenlängenverstärkung von dünnen Filmstörungen; das Team fand auch den Steuerungsmechanismus des räumlichen Strukturelektrofeldes auf die mikroskopische Störung des dünnen Flüssigkeitsfilms, klärte das Konkurrenzverhältnis zwischen der Durchschnittskomponente und der Modulationskomponente des räumlichen elektrischen Feldes auf den Fluss von dünnen Flüssigkeitsfilmen und etablierte das Kriterium für eine räumliche Elektrofeldmodulation für die Evolution der Mikronanostruktur-Morphologie, das die umfassende Unterdrückung jeder Komponente von Mikrostörungen realisierte und den Einfluss

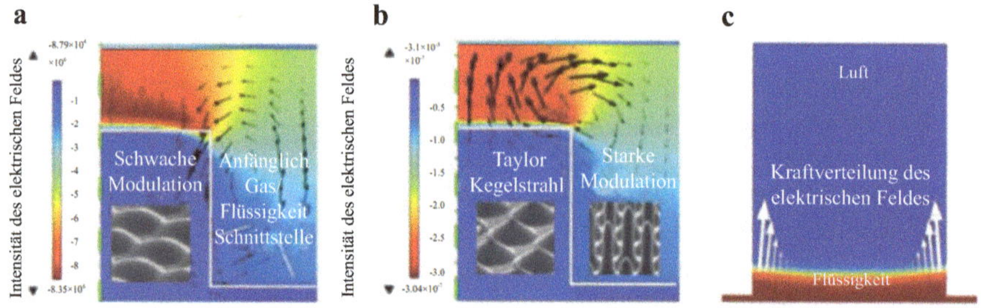

Abb. 4.2 Mikrogestaltungsmechanismus der kooperativen Steuerung eines multiphysikalischen Feldes (**a** Schwacher Modulationsmechanismus des elektrischen Feldes im Raum bei Kapillarstörungen; **b** Starker Modulationsmechanismus des elektrischen Feldes im Raum bei Kapillarstörungen; **c** Kontrollmechanismus der Morphologie der Gas-Flüssigkeitsgrenzfläche in Mikrokavität)

von Mikrostörungen auf den rheologischen Formprozess beseitigte [8], wie in Abb. 4.2a und b gezeigt. Die Entdeckung des Mechanismus zur Verstärkung und Unterdrückung von Flüssigkeitsstörungen durch das elektrische Feld legt eine theoretische Grundlage für die elektrorheologische Formung von komplexen Strukturen.

Basierend auf dem Kontrollgesetz des elektrischen Feldes auf niedrigviskosen Flüssigkeiten und den Einschränkungsmerkmalen des Stempels hat das Team eine Herstellungsmethode für speziell geformte Mikronanostrukturen entwickelt, die durch Stempel, elektrisches Feld und deren Zusammenarbeit gesteuert wird. Auf der Grundlage der vollständigen Füllung komplexer Strukturen wird das Konzept des Lost-Foam-Spritzgießens in den Bereich der Herstellung komplexer Strukturen mit Abformungsformkontrolle eingeführt und eine skalierbare Herstellungsmethode etabliert, die die Morphologie komplexer Mikronanostrukturen genau definieren kann [9]; der mikrostrukturierte leitfähige Stempel wird verwendet, um die Modulationskomponente des räumlichen elektrischen Feldes zu verstärken, den Einfluss der thermischen Störungswelle auf den rheologischen Formungsprozess des Flüssigkeitsfilms zu unterdrücken und die genaue und chargeneinheitliche Fertigung verschiedener komplexer speziell geformter Mikronanostrukturen zu realisieren [10, 11]; die Inhomogenität der auf die Gas-Flüssigkeitsgrenzfläche in der Mikronanokavität durch das elektrische Feld wirkenden Kraft wird verwendet, um die Krümmung der Gas-Flüssigkeitsgrenzfläche genau zu steuern [12], wie in Abb. 4.2c gezeigt.

Im Vergleich zu den herkömmlichen Nanoimprint-Methoden in der Welt hat das Team, basierend auf dem Mechanismus des elektrischen Feldes auf das rheologische Verhalten von Flüssigkeiten, ein Kontrollmethodensystem aus Stempel, elektrischem Feld und deren kooperativer Steuerung der Mikronanostruktur-Mikromorphologie konstruiert, das das Problem der Einzelstrukturmorphologie in der herkömmlichen Prägetechnologie durchbrach, einen innovativen Weg für die skalierbare Herstellung von speziell geformten Mikronanostrukturen bot und die

Formgebungsfähigkeit von Nanoimprints erweiterte. Dies wird von internationalen Kollegen als Fähigkeit angesehen, eine Vielzahl von innovativen Strukturherstellungen zu realisieren, und es ist eine innovative Methode, die die Form und Größe von Strukturen effektiv kontrollieren kann, die Herausforderung der hochpräzisen dreidimensionalen Strukturherstellung löst und skalierbar ist [13, 14, 15, 16].

4.1.3 Formung eines Kontrollmechanismus, gesteuert durch das elektrische Feld der Mikronanostruktur

Es ist ein sehr herausforderndes Problem in der Fertigungstechnologie, die Kristallstruktur, die molekulare Orientierung und andere Materialeigenschaften während der Strukturbildung zu kontrollieren, und es ist auch das ultimative Ziel, das von den Fertigungsdisziplinen verfolgt wird. Im Jahr 2009 berichtete *Nat Mater* über die Herstellung von ferroelektrischen Nanostrukturen mit orientierten Molekülketten durch Nutzung des scherrheologischen Effekts der Abdruckfüllung und versuchte, funktionale Nanostrukturen durch die Steuerung der Nanoabdruckbildung herzustellen [17]. Allerdings ist es schwierig, mit dem herkömmlichen Nanoimprinting die tatsächlichen Anforderungen an die Form- und Steuerungsfertigung von speziellen funktionalen Strukturen zu erfüllen. Der Scherrheologieeffekt ist schwach, wenn große Strukturen gefüllt werden, und eine Nachbehandlung ist erforderlich, um die Anforderungen an die Materialeigenschaften zu erfüllen; ein mehrstufiger Prozess erhöht die Komplexität der Fertigung. Die Reduzierung der Strukturgröße kann den Schereffekt verstärken, aber kleine Strukturen sind nicht nur schwer zu füllen, sondern begrenzen auch die Auswahlmöglichkeiten des Gerätedesigns. Daher ist es eine wichtige Herausforderung für das Nanoimprint, die formgesteuerte Herstellung von Mikronanostrukturen in einem großen Größenbereich zu realisieren.

Um die grundlegenden theoretischen Probleme der Formsteuerung bei der Nanostrukturfertigung zu durchbrechen, hat das Forschungsteam der Xi'an Jiaotong University das Entwicklungsgesetz von Funktionsmaterialien im Prozess der elektrisch gesteuerten Füllung systematisch untersucht, die Wirkung des angelegten elektrischen Feldes auf die molekulare Orientierung von Funktionsmaterialien im rheologischen Prozess aufgedeckt [18] und die bevorzugten Orientierungsmerkmale der internen Komponenten von Funktionsmaterialien unter dem Kopplungseffekt von Stempeleinschränkung und elektrischer Feldpolarisation gefunden [3, 19]; unter Verwendung von Stempeleinschränkung und elektrischem Feldpolarisationseffekt wurde eine Formsteuerungsprägemethode für funktionale Strukturen etabliert und die Einheit von Strukturformung und Kristallorientierung realisiert [3, 18, 19]. Diese Methode durchbricht die Begrenzung des traditionellen Prägeprozesses auf die Strukturgröße und legt eine theoretische Grundlage für die direkte Prägefertigung von speziellen funktionalen Strukturen, wie in Abb. 4.3a gezeigt.

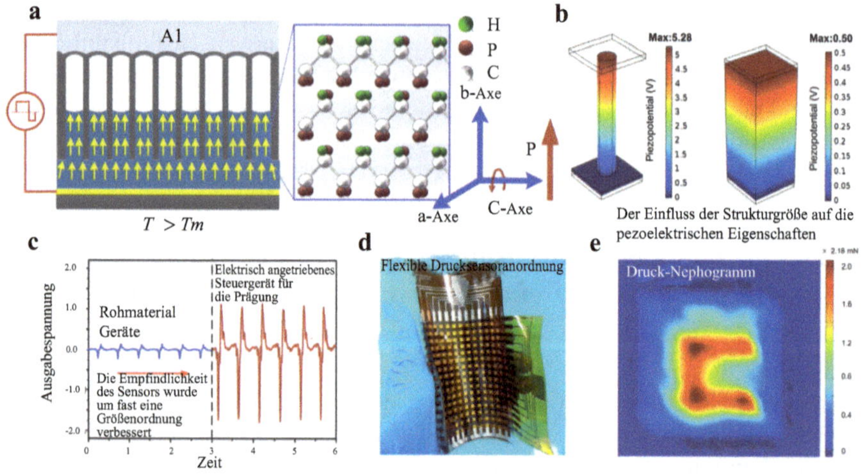

Abb. 4.3 Prinzip und Methode der Steuerung der Formgebung durch ein elektrisches Feld einer Mikronanostruktur (**a** Elektrisch gesteuerte Nanoimprint-Formung; b In-situ-Herstellung von gekrümmter Oberflächenstruktur-Funktionsintegration Kraft-/Thermosensor-Einheit); c Elektrisch gesteuertes Nanoimprint verbessert die Empfindlichkeit des Sensors um eine Größenordnung; d Flexibles Drucksensor-Array; e Druckdiagramm eines Sensor-Arrays

Das Forschungsteam der Xi'an Jiaotong University verwendet die elektrisch gesteuerte Formgebung, um die In-situ-Verstärkung der Kristallphasenorientierung in der Polymer-Piezoelektrik-Materialstruktur zu realisieren, das Problem der In-situ-Steuerung bei der Fertigung von piezoelektronischen Hochleistungsgeräten wird gelöst und die Empfindlichkeit von flexiblen Sensoren wird um fast eine Größenordnung verbessert, wie in Abb. 4.3c gezeigt. Die vorbereiteten Sensoren können dynamische Kraftverläufe schnell erkennen und die Verteilung des Spannungszustands in Echtzeit anzeigen, wie in Abb. 4.3c und e gezeigt.

Die Elektrobenetzungseigenschaften von Flüssigkeiten ermöglichen es auch, spezielle funktionale Strukturen in situ einzukapseln. Während die funktionale Struktur mit Form- und Eigenschaftskontrolle hergestellt wird, wird die zuverlässige Verbindung zwischen der piezoelektrischen Mikrostruktur und der funktionalen Elektrode in situ durch den Elektrobenetzungseffekt realisiert, wodurch die stetigen Probleme wie instabile elektrische Verbindung zwischen der Sensor-Struktur und der Elektrode, leichter Verschleiß und dergleichen im Verpackungsprozess des piezoelektrischen Sensors gelöst werden und ein neuer Weg für die Herstellung von flexibler Hochleistungssensorelektronik eröffnet wird [18]. Verwandte Arbeiten wurden als Titelblätter von *Small, Nanoscale* und *J Mater Chem C* und als Hot Paper von *British Chemical Society* ausgewählt und vom Wiley Publishing House als Videozusammenfassung vorgestellt, die als ein erstaunliches experimentelles Ergebnis angesehen wurde. Die durch elektrisches Feld gesteuerte Nanoimprint-Methode hat große Aufmerksamkeit von Experten im In- und Ausland auf sich gezogen. Sie gilt als innovativer Weg zur Herstellung funktionaler Bauteile. Sie hat eine In-situ-Steuerfähigkeit und verbessert die Bauteilleistung erheblich [20, 21, 22]. Das Prinzip und die Methode der Formung, gesteuert durch das elektrische Feld der Mikronanostruktur, lösen das Problem der Formungssteuerung von Mikronano-Funktionsstrukturen und bieten theoretische Unterstützung für die In-situ-Herstellung von Hochleistungssensoren und dreidimensionalen gekrümmten Oberflächensensor-Schaltkreisen.

Das Forschungsteam der Xi'an Jiaotong University konzentrierte sich auf das Prinzip und die Methode der Regulierung des elektrischen Feldes im Nanoimprint-Verfahren. Ausgehend vom Mechanismus der Regulierung der Grenzfläche des rheologischen Füllprozesses fand das Team den Einflussmechanismus der Ladung der Fest-Flüssig-Grenzfläche auf die Benetzungseigenschaften und das Füllverhalten von Flüssigkeit und erläuterte die durch mehrere physikalische Felder eingeschränkte Methode zur Steuerung der Mikrostrukturmorphologie. Außerdem deckte das Team das Gesetz der bevorzugten In-situ-Orientierung der Molekülketten von Funktionsmaterialien im Prozess der durch ein elektrisches Feld angetriebenen Formgebung auf. Schließlich wird ein durch ein elektrisches Feld angetriebenes Nanoimprint-Verfahrenssystem mit drei Dimensionen der Füllung mit nahezu null Druck, Mikroformkontrolle und Strukturbildung gebildet, das theoretische Modell und das Verfahren des Nanoimprints der dritten Generation werden etabliert, wodurch die drei großen Probleme gelöst werden, die die Füllung, Formkontrolle und Formung von Nanoimprint einschränken, hebt Nanoimprint auf eine neue Höhe der präzisen Herstellung, Formkontrollfertigung und Formationsfertigung von Nanostrukturen. Es bietet eine Garantie für das Prinzip und die Methode, damit Nanoimprint wirklich in Richtung technischer Anwendung voranschreiten kann.

4.2 Prinzipien und Methoden des elektrochemischen Nanoprägens von Halbleitermaterialien

Nanoimprint-Lithografie kann hochpräzise Mikronanostrukturen in einem großen Bereich replizieren. Aufgrund seiner Vorteile von ultrahoher Auflösung, hohem Durchsatz und niedrigen Kosten ist es eine potenzielle Industrialisierungstechnologie. Allerdings ist herkömmliche Nanoimprint-Lithografie hauptsächlich geeignet für das Prägen von thermoplastischen und lichtaushärtenden Materialien. Im Allgemeinen ist eine nachfolgende Musterübertragung erforderlich, um die Nanostruktur von Halbleiterwafermaterialien in integrierten Schaltkreisen, mikroelektro-mechanischen Systemen (MEMS), Fotovoltaik, Optoelektronik und anderen Industrien zu realisieren. Der Musterübertragungsprozess beinhaltet nasses und trockenes Ätzen usw. und ist mit hohen Kosten und komplexem Prozess verbunden. Um das direkte Prägen von Halbleitermaterialien zu erreichen, kombiniert das Forschungsteam der Xiamen University das Prinzip der lokalen elektrochemischen Korrosion, die durch Kontaktpotenzial induziert wird, mit dem Arbeitsmodus von

Nanoimprint und schlägt eine elektrochemische Nanoimprint-Lithografie (ECNL) auf der Grundlage des Prinzips der Kontaktpotenzial-induzierten Halbleiterlokalätzung vor. Durch die Entfernung mit elektrochemischem Ätzen können dreidimensionale Mikronanostrukturen direkt auf der Oberfläche von Halbleiterwafern bearbeitet werden, ohne thermoplastische oder lichtaushärtende Medien zu verwenden. Gleichzeitig hat es die Vorteile von hoher Präzision, hoher Effizienz und Mengenherstellung. Um die Bearbeitungsgenauigkeit, Bearbeitungseffizienz und Materialanwendungsbereich von ECNL zu verbessern, wurde die physikalische externe kooperative Feldmodulationstechnologie weiterentwickelt. Eine neue Nanoimprint-Mikronanofertigungsmethode wurde gebildet, die für die Funktionalisierung von Halbleitermaterialien sowie für Anwendungen in der Geräte- und Serienfertigung von großer Bedeutung ist.

4.2.1 Prinzip und Methode der durch Kontaktspannung induzierten elektrochemischen Korrosion

Die herkömmliche Nanoimprint-Lithografie beinhaltet den Prozess der Übertragung von Nanomustern auf Halbleitermaterialien zum Ätzen, bei dem reaktives Ionenätzen und andere Prozesse leicht Oberflächen- und Untergrundschäden an geätzten Strukturen verursachen können [23]. Die laserunterstützte Nanoimprint-Lithografie kann direkt Mikronanostrukturen auf der Oberfläche von Siliziumwafern durch schnelles Schmelzen der Oberfläche mit Hochleistungspulslasern und Verwendung von Quarzstempeln für Hochdruckformung präparieren. Es können aber nur flache Kornstrukturen erhalten werden, die sich nicht für spröde und flexible Materialien eignen [24]. Die elektrochemische Prägetechnologie von quasifesten und festen Elektrolyten kann auch die direkte Formgebung von Halbleiterstrukturen realisieren, aber sie ist begrenzt durch Gel- oder Superionenleiter-Elektrolytmaterialien und ihre dazu passenden metallischen Werkstoffe. Es gibt dringend zu lösende technische Probleme in Bezug auf Bearbeitungsgenauigkeit, Effizienz und Kontrollierbarkeit [25, 26]. Es war schon immer ein sehr herausforderndes Problem, eine Mengenherstellungstechnologie von großformatigen 3D-Mikronanostrukturen direkt auf der Oberfläche von Halbleiterfunktionsmaterialien bei Normaltemperatur und -druck ohne Lichtaushärtung, thermoplastisches Medium und jeglichen Hilfsprozess zu entwickeln.

Aus diesem Grund schlug das Forschungsteam der Xiamen University eine elektrochemische Nanoimprint-Methode für Halbleitermaterialien vor [27, 28]. Nach dem Grundprinzip der Festkörperphysik sind die Fermi-Energieniveaus von Zwei-Phasen-Elektronen im beliebigen Kontakt gleich, wenn der thermodynamische Gleichgewichtszustand erreicht ist; jedoch wird aufgrund des Unterschieds der Austrittsarbeit zwischen den beiden Phasen ein Elektronentransfer an der Grenzfläche auftreten, wodurch ein elektrisches Feld und ein Kontaktpotenzial an der Grenzfläche zwischen den beiden Phasen entsteht. Wie in Abb. 4.4 gezeigt, wird

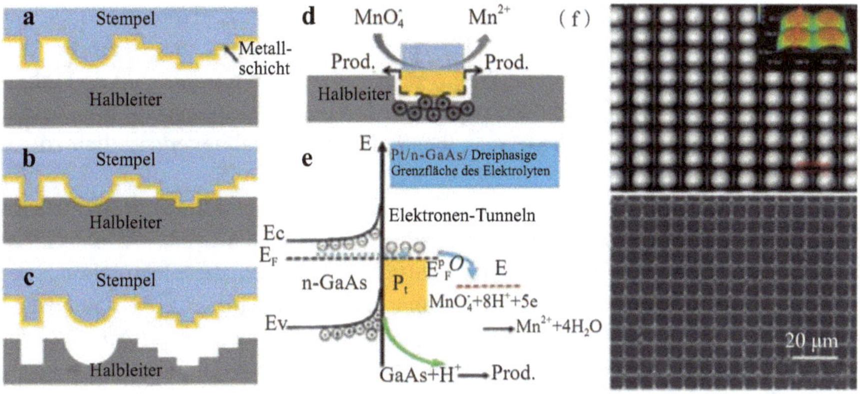

Abb. 4.4 Schematische Darstellung des Prinzips der elektrochemischen Nanoimprint-Lithografie (ECNL) (**a**)–(**e**) und direktes Prägen der dreidimensionalen Halbleiterstruktur (**f**)

der dreidimensionale Mikronanostrukturstempel aus Polymethyl-Methacrylat (PMMA) mit auf der Oberfläche abgeschiedenem Metall-Pt-Nanofilm auf die Oberfläche des n-GaAs-Halbleiter-Werkstücks gedrückt (Abb. 4.4a), dazu wird ein bestimmter Druck (0,5 atm) aufrechterhalten, um einen effektiven Kontakt zu bilden (Abb. 4.4b). Aufgrund des Unterschieds in der Austrittsarbeit zwischen den beiden werden Elektronen auf der n-GaAs-Seite auf die Metall-Pt-Seite übertragen (Abb. 4.4d und e). Die Elektronenakkumulation auf der Pt-Seite der Grenzfläche wird die Barriere der Elektronenmigration auf der n-GaAs-Seite erhöhen, bis die Fermi-Energieniveaus der beiden Phasen gleich sind und schließlich das thermodynamische Gleichgewicht erreicht ist. Zu diesem Zeitpunkt wird ein elektrisches Feld an der Grenzfläche zwischen dem Metall Pt und dem n-GaAs gebildet, und ein Kontaktpotenzial wird etabliert, wobei die Grenzfläche auf der Pt-Seite positiv und die n-GaAs-Seite negativ geladen ist. In den H_2SO_4- und $KMnO_4$-Lösungen wird MnO_4 Elektronen auf der Pt-Seite übertragen, um eine kathodische Reduktionsreaktion zu durchlaufen, wodurch das Elektron auf der n-GaAs-Seite weiter auf die Pt-Seite übertragen wird. Auf der n-GaAs-Seite wird aufgrund der Lochakkumulation eine anodische Auflösungsreaktion [29] auftreten, anschließend wird die gesamte korrosionsgalvanische Reaktion abgeschlossen: Pt Kathode; n-GaAs Anode.

Mit Fortschreiten der Ätzreaktion stoppt die Ätzreaktion sofort, sobald Pt und n-GaAs den effektiven Kontakt verlieren. Daher verläuft die durch das Kontaktpotenzial induzierte n-GaAs-Ätzreaktion streng und spontan entlang der dreiphasigen Pt/n-GaAs/Elektrolytlösung-Grenzfläche, es muss nur ein effektiver Kontakt gebildet werden, und es ist keine externe Energiezufuhr erforderlich. Die Bearbeitungsgenauigkeit hängt von der Rate der n-GaAs-Ätzreaktion und dem Diffusionskoeffizienten der Löcher auf der n-GaAs-Oberfläche ab ($\delta = (D / k)^{1/2}$, D: der Diffusionskoeffizient der Löcher, k: Ätzrate) und überschreitet theoretisch nicht die Debye-Länge der Raumladungsschicht [27].

Da das Auftreten der Reaktion eine effektive Kontaktkraft erfordert, haben das Forschungsteam der Xi'an Jiaotong University und das Forschungsteam der Xiamen University gemeinsam den Arbeitsmodus des Nanoimprintings vorgeschlagen, um die Anwendung des Prinzips der durch Kontaktpotenzial induzierten Halbleiterlokalätzung in der Mikronanobearbeitung von Halbleiterkristallen zu verifizieren.

Unter Verwendung von MnO_4 als Elektronenakzeptor werden dreidimensionale Mikronanostrukturen auf den Oberflächen von Halbleiterwafern wie n-GaAs, p-GaAs, p-GaP und n-Si (Abb. 4.4f) bearbeitet, wodurch die elektrochemische Nanoimprint-Lithografie vorgeschlagen und entwickelt wird [30, 31]. Relevante Arbeiten werden in Zeitschriften wie *Chem Sci*, *Nanoscale* und *Electrochem Commun* veröffentlicht, und Forschungsarbeiten werden in der renommierten Fachzeitschrift *Chem Sci* 2017 in der Sonderausgabe der Royal Society of Chemistry zum chinesischen Neujahrsfest aufgenommen; sie wurden in die *Chem Sci 2019 HOT Article Collection*, der Fachzeitschrift der Royal Society of Chemistry, übernommen. Viele internationale Forschungsteams haben Nachforschungen zur direkten Prägetechnologie von Halbleitermaterialien durchgeführt, die breite Aufmerksamkeit und Anerkennung von internationalen Kollegen gefunden hat.

4.2.2 Prinzip und Methode der kooperativen Modulation von elektrischem Feld, Lichtfeld und Kraftfeld für die elektrochemische Prägung

Das Schlüsselproblem der elektrochemischen Mikronanofertigung besteht darin, die elektrochemische Reaktion auf den Mikronanomaßstab zu beschränken, und das technische Problem besteht darin, den Massentransfer und die Potenzialverteilung in der großformatigen und ultradünnen Elektrolytschicht zu realisieren. In den letzten Jahren hat das Forschungsteam der Xiamen University eine Reihe von physikalischen externen Feldmodulationstechnologien auf der Basis von Kraft, Licht und Elektrizität entwickelt, die die elektrochemische Reaktionsrate und die räumliche Auflösung genauer steuern können, die Bearbeitungsgenauigkeit und Effizienz der elektrochemischen Nanoimprint-Lithografie verbessern, den Anwendungsbereich ihrer Materialien erweitern und diese neue Nanoimprint-Mikronanofertigungsmethode schrittweise verbessern.

Das lichtfeldbeschleunigte elektrochemische Nanoimprint basiert auf dem photoelektrischen Effektprinzip des Halbleiters, d. h., wenn der Halbleiterwafer vom Lichtfeld bestrahlt wird, werden die Valenzbandelektronen angeregt, zum Leitungsband zu wechseln, erzeugen Löcher und Elektronen auf dem Valenzband und dem Leitungsband, verstärken das elektrische Feld zwischen dem Halbleiter und der Pt-metallisierten Stempelelektrode und verbessern das Kontaktpotenzial der Pt/Halbleiter-Grenzfläche, wodurch die elektrochemische Ätzrate des Halbleiters beschleunigt wird. Wie in Abb. 4.5 gezeigt, wird ein Lichtfeld eingeführt, wenn

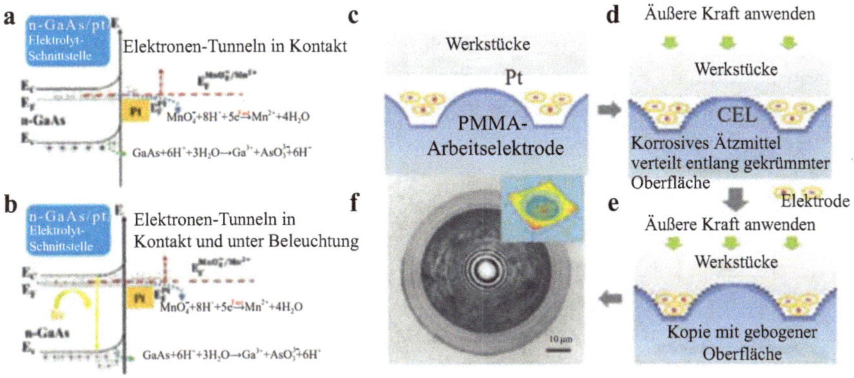

Abb. 4.5 Dreiphasen-Grenzflächenenergieniveaus, wenn Platin-Prägestempel und n-Galliumarsenid unter **a** Dunkelzustand und **b** Beleuchtungsbedingungen kontaktiert werden; **c**–**e** Schematische Darstellung des elektrochemischen Buckling-Mikrobearbeitungsprozesses; **f** Eine mehrstufige koaxiale Nanoringstruktur, die durch Bearbeitung erhalten wurde

Pt in Kontakt mit n-GaAs ist, um die Rückseite von n-GaAs zu bestrahlen, und wenn die injizierte Lichtenergie größer als die Bandlücke Eg von GaAs ist, absorbiert n-GaAs Photonen, um Elektronen-Loch-Paare zu erzeugen, wodurch das Kontaktpotenzial der Metall/Halbleiter-Grenzfläche verbessert, die Polarisation der Pt/Lösungs-Grenzfläche und der n-GaAs/Lösungs-Grenzfläche erhöht und die Korrosionsrate von n-GaAs [32] beschleunigt wird. Unter Beleuchtung wird die elektrochemische Prägeeffizienz der dreidimensionalen Mikrostruktur von n-GaAs um mehr als das 2-Fache erhöht.

Das Forschungsteam der Xiamen University hat weiterhin den durch das Kraftfeld gesteuerten Buckling-Effekt in der elektrochemischen Nanoimprint-Lithografie erklärt. Aufgrund des Unterschieds des elastischen Moduls zwischen Pt-metallisiertem Nanofilm und PMMA-Mikronanostrukturstempel tritt unter der Wirkung des Kraftfeldes eine Spannungsinstabilität auf, die zu verschiedenen geordneten Buckling-Mustern führt. Durch eingeschränktes Ätzen können durch den Buckling-Effekt erzeugte Mikronanomehrschichtstrukturen auf die Oberfläche des Halbleiterwafers kopiert werden. Wie in Abb. 4.5c gezeigt, wird zunächst eine 100 nm dicke Pt-Leitschicht durch Magnetron-Sputtern auf die Oberfläche des konvexen halbkugelförmigen PMMA-Stempels aufgetragen, um eine Doppelschichtstruktur mit Unterschied im elastischen Modul zu bilden, und dann wird eine konstante Kontaktkraft zwischen der Stempelelektroden und dem Werkstück angelegt. Zu diesem Zeitpunkt wird die Spitze der Doppelschichtstruktur auf der Stempelelektrode einer Druckspannung ausgesetzt, und die Spannung wird von der Spitze zum elastischen Substrat entlang der konvexen Halbkugel übertragen. Wenn die Druckspannung die kritische Buckling-Spannung der Struktur übersteigt, wird nach dem Prinzip der minimalen Energie die innere Spannung auf der Oberfläche des Stempels durch Buckling-Falten freigesetzt und ein koaxiales

Nanoring-Faltenmuster wird auf der konvexen Halbkugel gebildet (Abb. 4.5d). Danach wird ein optimiertes, eingeschränktes Ätzlösungssystem hinzugefügt und ein bestimmtes Potenzial an die Stempelelektrode angelegt, um das Ätzen zu starten. Das auf der Stempeloberfläche erzeugte Faltenmuster kann mit hoher Genauigkeit auf die Werkstückoberfläche kopiert werden, durch die Technologie der eingeschränkten Ätzschicht (Abb. 4.5e). Mit der kontinuierlichen Ätzung und der kontinuierlichen Zuführung von Stempelelektroden werden schließlich mehrstufige koaxiale Nanoringe, die auf der konkaven Halbkugeloberfläche verteilt sind, auf der Werkstückoberfläche erhalten (Abb. 4.5f). Die Methode ist elektrochemisches Buckling-Verfahren. Durch das elektrochemische Buckling-Verfahren können Mikronano-Mehrschichtstrukturen mit charakteristischen Größen von weniger als 50 nm auf der Halbleiteroberfläche erzeugt werden [33].

4.3 Prägeherstellungsausrüstung für großformatige Nanostrukturen

Nanostrukturen sind die funktionalen Träger von optoelektronischen Geräten. Die großflächige Herstellung von Mikronanostrukturen mit spezifischen Materialien, Größen, Morphologien und periodischer Verteilung ist der Schlüssel zur Förderung der Entwicklung von elektronischen Mikronanobauteilen. Nanoimprint hat die Vorteile von geringen Kosten und hoher Präzision, was eine gute technische Unterstützung für die Herstellung von großformatigen Nanostrukturen bietet. Allerdings stellen verschiedene Mikronanostrukturherstellungen unterschiedliche Produktionsanforderungen an die Nanoimprint-Lithografie, wie z. B. Multiskalen-Strukturherstellung, Makrovolumenfertigung und Fertigung auf nicht flachen Substraten. Aus diesem Grund haben die Forschungsteams der Xi'an Jiaotong University und der Suzhou University das Prinzip der Gas-Electricity Cooperative Control Nanoimprint Lithography vorgeschlagen, allgemeine Herstellungsausrüstung entwickelt und das Problem des Nanopatterning von nicht flachen und/oder spröden Substratoberfläche auf Waferlevel gelöst; gleichzeitig wurde eine kontinuierliche Roll-to-Roll-Walzenprägeausrüstung für die Makroskalenherstellung von Nanostrukturen entwickelt, um die großflächige Herstellung von ultralangen und ultrapräzisen Messgittern, ultradünnen Lichtleitplatten und flexiblen transparenten leitfähigen Filmen zu realisieren. Die Prägeherstellungsausrüstung mit großformatiger Nanostruktur hat Nanoimprint von Labor zu Ingenieuranwendung gefördert.

4.3.1 Kontinuierliche Roll-to-Roll-Walzenprägeausrüstung

Die Nanoimprint-Technologie hat aufgrund ihrer hohen Effizienz, der großen Fläche, der hohen Auflösung und den geringen Kosten breite Aufmerksamkeit von Wissenschaft und Industrie auf sich gezogen und wurde in integrierten

Schaltkreisen, optoelektronischen Geräten, Energiespeichern und anderen Bereichen angewendet. Um den Anforderungen des kontinuierlichen Prägens und der hohen Ausbeute in der industriellen Produktion gerecht zu werden, bereiten Forscher Nanostrukturen auf Walzen vor, sodass Prägen und Entformen kontinuierlich abwechseln und kontinuierliches Prägen von grafischen Strukturen realisiert wird, d. h. Roll-to-Roll-Walzenprägetechnologie. Da der Stempel während des Prägens in linearer Berührung mit dem Substrat ist, vermeidet diese Methode die Probleme der Nanostrukturverformung und Nicht-Uniformität, die durch Faktoren wie ungleichmäßigen Spannungen verursacht werden. Im Vergleich zur planaren Nanoimprint-Lithografie hat die Methode die Vorteile der kontinuierlichen Präparation, einfachen Struktur, geringen Kosten, hohen Ausbeute, guten Zuverlässigkeit und dergleichen und hat Technologieiteration und industrielle Aufrüstung in Nanofertigungsfeldern wie großformatigen Messgittern, ultradünnen Lichtleitplatten, transparenten leitfähigen Filmen und dergleichen realisiert. Allerdings ist das Roll-to-Roll-Prägen immer ein herausforderndes Thema bei der Übertragung und Replikation von komplexen Mikronanostrukturen über Skalen, der Übertragung von Nanostrukturen auf gewölbten Substraten und der hochgenauen Übertragung von Nanostrukturen mit hohem Seitenverhältnis.

Das Forschungsteam der Xi'an Jiaotong University und das Forschungsteam der Suzhou University haben Schlüsselausrüstungen für Multiskalen-Roll-to-Roll-Nanoimprint entwickelt, die Herstellung mit Genauigkeit und Effizienz von Multiskalen-Strukturmerkmalen realisierend [34]. Die Cross-Scale-Mikronanostruktur auf der Metallform wird mit hoher Genauigkeit auf Metall, Glas, Polymer und andere Substrate kopiert, wodurch die schnelle Roll-to-Roll-Mikronanostrukturübertragung mit Multiskalen-Strukturmerkmalen der Linienbreite von 100 µm bis 100 nm erzielt wird – mit einer Genauigkeit von 95 %, einem kontinuierlichen Prägen von 24.000 m/Platte, einer Breite von 1200 mm und einer Arbeitsgeschwindigkeit von 60 m/min. Nahtloses Twin-Roll-Kompensations-Nanoimprint kann durch Spannung, konstante Temperatur, Druck, Beschichtung (0,5–1 µm), Verformungsservo usw. realisiert werden, wie in Abb. 4.6 gezeigt. Dieses Schema ist ein neuer Mikronanoprägemodus, der das technische Problem löst, welches traditionelles Roll-to-Roll-Prägen mit der Herstellung von komplexen Multiskalen-Mikronanostrukturen hat.

Die von dem Forschungsteam der Suzhou University entwickelte kontinuierliche Roll-to-Roll-Walzenprägeausrüstungstechnologie wurde erfolgreich in den Bereichen Großformatgitter, Displaybeleuchtung usw. angewendet und hat wichtige soziale und wirtschaftliche Vorteile erbracht. Mit diesem Team wurde eine doppelseitige Nanoimprint-Produktionslinie eingerichtet, die die Herstellung von ultradünnen Lichtleitbauteilen ermöglichte, die traditionelle spritzgegossene Lichtleitplatte ersetzte, Energie um 2,2 Mio. kWh/Jahr einsparte und die Kohlendioxidemissionen um etwa 2,2 Mio. kg pro Jahr reduzierte. Die ultradünne Lichtleitplatte mit hoher Lichteffizienz (600 mm × 1,200 mm) hat nach und nach die gedruckte Lichtleitplatte ersetzt, den Tintenverbrauch um 7500 kg pro Jahr reduziert, die Verwendung von ketonhaltigen schädlichen Substanzen vermieden und ist eine disruptive alternative Technologie in der Branche geworden.

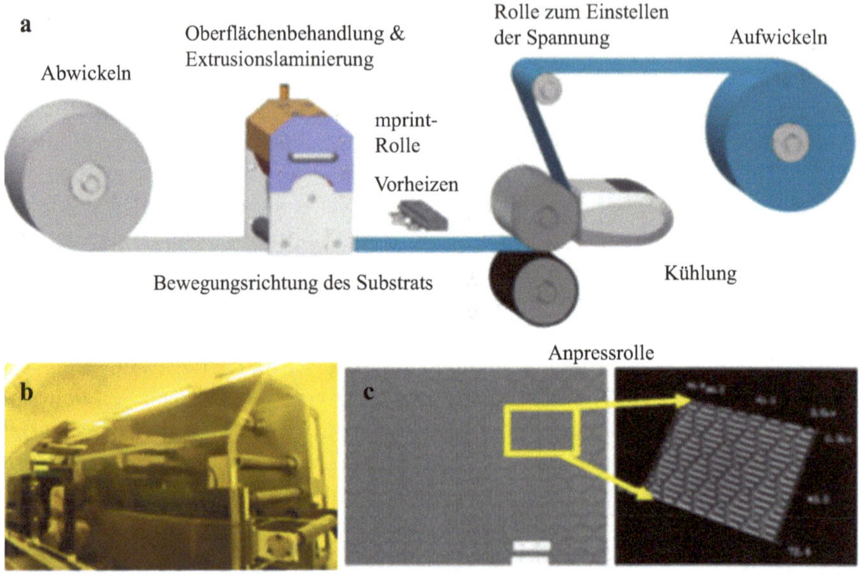

Abb. 4.6 Schlüsselausrüstung für Multiskalen-Roll-to-Roll-Nanoimprint (**a** Prinzipien des Multiskalen-Roll-to-Roll-Nanoimprints; **b** Prägeausrüstung für physische Objekte; **c** Großflächige antibakterielle/widerstandsreduzierende Folie, die Haifischhaut imitiert)

4.3.2 Nanoimprint-Ausrüstung für die Kooperation von Gas und Elektrizität auf Waferebene

Obwohl die Nanoimprint-Technologie die Vorteile von hoher Auflösung und niedrigen Herstellungskosten hat, die von Wissenschaft und Industrie hoch geschätzt werden, stehen bei der Herstellung von Nanostrukturen auf der Oberfläche von unebenen und spröden Waferlevel-Halbleitersubstraten viele technische Herausforderungen an. Zunächst nimmt mit der Vergrößerung der Wafergröße die konforme Kontaktproblematik zwischen der Form und dem gewölbten/nicht flachen Substrat allmählich zu, was leicht zu Blasenbeschränkungen führt. Zum Beispiel übersteigt der Spitzen- und Talwert der Oberflächenform eines 4-Zoll-LED-Epitaxialwafers 150 µm, und der konforme Kontakt zwischen der Form und dem Substrat ist äußerst schwierig. Zweitens sind geringe Dicke, Sprödigkeit und Zerbrechlichkeit die gemeinsamen Eigenschaften der meisten Arten von Halbleiterwafer-Substraten. Die mechanische Belastung kann leicht Wafersubstrate oder -stempel beschädigen. Wie man Schäden an Stempel/Substrat durch mechanischen Druck vermeidet, ist ein weiteres schwieriges Problem bei der Anwendung von Nanoimprints auf Halbleitersubstratprägungen. Schließlich beeinflusst als lithografische Technik die Dickenuniformität des zugrunde liegenden Restfilms der Prägestruktur direkt die Uniformität der nachfolgenden Musterübertragung. Die Verformung/Unebenheit des Substrats und die Ungleichmäßigkeit der lokalen Prägekraft können jedoch leicht zu einer Ungleichmäßigkeit der Restschichtdicke führen. Eine weitere Herausforderung beim Nanoimprinting auf der Oberfläche nicht ebener Substrate besteht darin, die Gleichmäßigkeit der Restschichtdicke der Prägestruktur zu maximieren.

Um das Problem der Musterbildung der gesamten Nanoimprint-Lithografie von spröden und nicht flachen Wafersubstraten zu lösen, hat das Forschungsteam der Xi'an Jiaotong University das Prinzip und die Ausrüstung der gaselektrischen kooperativen Steuerung des Nanoimprints [35] vorgeschlagen, wie in Abb. 4.7a dargestellt, wobei „Gas" sich auf die Partitionssteuerung der flexiblen Form durch das Umschalten von Vakuum- und Überdruckzuständen von Luftkanälen bezieht, die parallel auf der Luftventilplatte verteilt sind; „Elektrizität" bezieht sich auf die Einführung eines angelegten elektrischen Feldes zwischen der flexiblen transparenten leitfähigen Form und dem Substrat, um den Kontaktprozess zwischen der Form und dem Substrat zu steuern. Das Nanoimprint-System der gaselektrischen kooperativen Steuerung umfasst zwei Kerninhalte, nämlich eine flexible transparente leitfähige Form und eine Luftventilplatte, wobei die flexible transparente leitfähige Form durch Vakuumadsorption auf der Luftventilplatte befestigt ist, parallel zur Oberfläche des Wafersubstrats und einen bestimmten Abstand beibehält; dann wird, beginnend von einer Seite, der Lufttank allmählich von Vakuum auf Überdruck umgeschaltet, die Form wird freigegeben, sie bildet allmählich Kontakt mit der Oberfläche des Wafersubstrats unter der Wirkung des elektrischen Feldes,

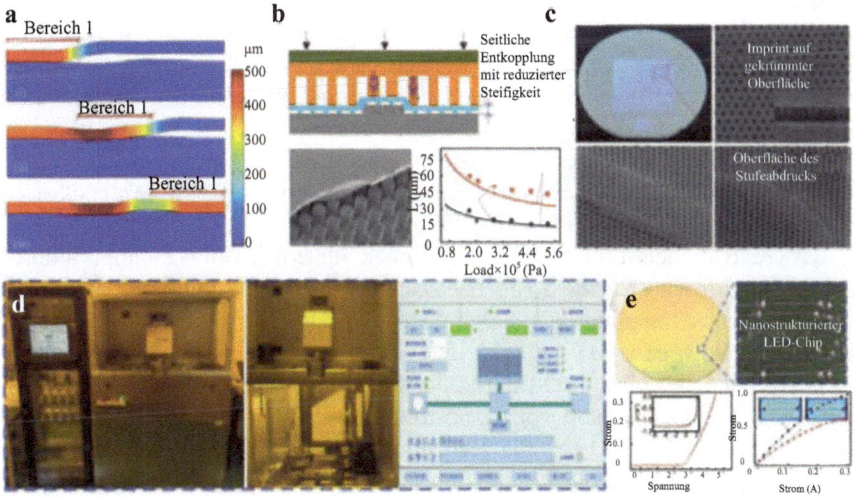

Abb. 4.7 Prinzip, Ausrüstung und Anwendung der gaselektrischen kooperativen Nanoimprint-Lithografie (**a** Abschließende Metaberechnung von konformem Kontakt auf nicht flachen Oberflächen; **b** Die Anpassungsfähigkeit der diskreten Stempelstützen zur Oberfläche des Stufensubstrats; **c** Abdruck der photonischen Kristall-Nanostruktur auf einer nicht flachen Substratoberfläche auf Waferlevel; **d** Gaselektrische kooperative Nanoimprint-Ausrüstung; **e** Abdruck der photonischen Kristallstruktur auf dieser Oberfläche des LED-Chips)

und die Kontaktfläche wird kontinuierlich erweitert. Die flexible transparente leitfähige Form wird vollständig auf die gesamte Waferoberfläche ausgebreitet, und die Mikronanostrukturkavität auf der Formoberfläche wird vollständig mit flüssigem Prägekleber unter der Wirkung des elektrischen Feldes gefüllt; das elektrische Feld wird beibehalten, der Prägekleber wird durch ultraviolettes Licht bestrahlt und ausgehärtet. Schließlich wird das elektrische Feld abgeschaltet, der Lufttank wird allmählich von einer Seite zurück auf den Vakuumzustand umgeschaltet, und die flexible Form wird von der Waferoberfläche abgenommen, um das Entformen zu vervollständigen.

Die gebietsweise Schritt-für-Schritt-Kontrollstrategie gewährleistet die Kontaktuniformität zwischen der flexiblen Form und dem Substrat, vermeidet den Blasenfehler, der durch die lokale Wölbung und Vertiefung des Substrats während des Kontaktlinienschließprozesses verursacht wird, und realisiert den vollständigen Kontakt zwischen der flexiblen Form und der Wafersubstratoberfläche.

Da die Kraft, die die flexible transparente leitfähige Form dazu treibt, sich auf der Oberfläche des Wafers auszubreiten, hauptsächlich aus zwei Teilen besteht, kann sie durch das angelegte elektrische Feld [36, 37] moduliert werden, sodass im Vergleich zur traditionellen mechanischen Last oder natürlichen Kapillarkraft die elektroinduzierte Antriebskraft flexibel durch die Anpassung der angelegten elektrischen Feldparameter eingestellt werden kann, was die Antriebskraft für die Bindung der flexiblen Form auf der Waferoberfläche liefern kann. Noch wichtiger ist, dass die elektroinduzierte Flüssigkeitsbrückenkraft oder elektrostatische Anziehungskraft eine Form der Oberflächenkraft ist, die die mechanische Druckbelastung im Imprint-Prozess vermeidet und grundsätzlich das Spannungsversagen des Wafers vermeidet. Gleichzeitig, nachdem die flexible transparente leitfähige Form vollständig mit dem Wafer in Kontakt gekommen ist, steuert die elektrostatische Anziehung, die empfindlich auf den Abstand zwischen den Polplatten reagiert, weiterhin den Kontaktzustand zwischen den beiden, treibt weiterhin den flüssigen Imprint-Kleber zur fortgesetzten Rheologie an, bis die Mikromorphologie der Imprint-Kleberoberfläche konform zur Morphologie des Wafersubstrats unter der Einschränkung der flexiblen Form ist.

Basierend auf dem Prinzip der gemeinsamen Steuerung von Nanoimprint durch Gas und Elektrizität hat die Xi'an Jiaotong University eine Fertigungsanlage für die Oberflächen-Nanoimprint-Lithografie für 4-Zoll-spröde, nicht flache Substrate entwickelt, wie in Abb. 4.7b gezeigt, und eine flexible, transparente, leitfähige Form auf der Basis einer ITO- und Silber-Nanodrahtgitter-Verbundelektrode [38] entworfen. Die Genauigkeit von Nanostrukturen durch Gas-Elektrizitäts-Kooperativen ist besser als 100 nm, die Herstellungseffizienz von Nanostrukturen auf der Oberfläche eines 4-Zoll-Substrats übersteigt 40 Blatt/h und die anpassungsfähige Substratverformung übersteigt 200 μm. Die Nanostrukturierung photonischer Kristalle auf der Oberfläche eines LED-verformten epitaktischen Substrats wird durch die Verwendung einer gaselektrischen kooperativen Steuerung der Nanoimprint-Lithografie-Ausrüstung realisiert, und die Nicht-Uniformitätsabweichung der Dicke des durch die Nanoporenstruktur in verschiedenen Regionen hinterlassenen

Bodenfilms ist weniger als ± 1 % der Gesamtdicke der Klebeschicht. In Kombination mit einer diskreten Stützform, wie in Abb. 4.7c gezeigt, wird eine Nanostrukturierung der Oberfläche des erhöhten Substrats mit kontaminierten Partikeln und sogar Mikroschritte realisiert, wie in Abb. 4.7d gezeigt. Auf dieser Grundlage wird ein LED-Chip-Helligkeitssteigerungsprozess mit guter Kompatibilität mit dem LED-Chip-Industrieprozess weiterentwickelt, der die Lichteffizienz des Industriechips um 41,6 % im Vergleich zu vor der Strukturierung erhöht, wie in Abb. 4.7e gezeigt.

4.4 Ingenieuranwendungen von funktionalisierten Großflächennanostrukturen

Auf der Grundlage der Forschung neuer Prinzipien, neuer Methoden und neuer Ausrüstung für die Herstellung von funktionalisierten Großflächennanostrukturen – mit Fokus auf die Nachfrage nach funktionalen Nanostrukturen wie Grundkomponenten im Bereich des High-End-Fertigung, die Schlüsselausrüstung und zukunftsweisende Technologien im Bereich der nationalen Verteidigung sowie High-End-Produktentwicklung im Bereich des Lebens der Menschen – hat das Forschungsteam der Xi'an Jiaotong University und das Forschungsteam der Suzhou University Prototypen und Produkte mit unabhängigen geistigen Eigentumsrechten an großformatigen Präzisionsgittern für Messtechnik und deren Sensoren, reversible Weltraum-Haftfilme und großformatige High-End-Displays entwickelt und einen Teil der Massenfertigung realisiert. Dies hat die Erforschung grundlegender Innovationen, technologischer Durchbrüche und die industrielle Förderung im Bereich der Nanofertigung in China vorangebracht und eine technische Unterstützung für die Entwicklung der Originaltechnologie der Nanofertigung in China bereitgestellt.

4.4.1 Ultralange metrologische Gitter und ihre technische Anwendung

Präzisionsreflexionsgitter sind für die Verschiebungserfassung in der Ultrapräzisionsmessung, der Luft- und Raumfahrt, der High-End-Fertigungsausrüstung und anderen Bereichen aufgrund ihrer Vorteile von hoher Präzision, guter Umweltanpassungsfähigkeit und kompakter Struktur zu Schlüsselkomponenten geworden. Zum Beispiel hat im Bereich der intelligenten Fertigung die erforderliche Apertur optischer asphärischer Elemente für Satellitenoptiksysteme und große astronomische Teleskope 3 m erreicht, und die Bearbeitungsgenauigkeit muss im Nanometerbereich liegen. Im Halbleiterbereich werden die Größenanforderungen der IC-Herstellung immer größer, während die IC-Linienbreite immer kleiner wird.

Für den nächsten Generationenprozess mit 7 nm Linienbreite ist die Präzisionsgitterpositionierung mit Nanometergenauigkeit und Pikometerauflösung der Schlüssel zur Sicherstellung einer hochwertigen Lithografie [39, 40]. Um die oben genannten Anforderungen zu erfüllen, sind die Nanopräzisionsfertigungsmethode der Gitterstruktur, der großflächige konsistente Fertigungsprozess und die Technologie der großen Spalttoleranzablesung die drei Schlüsseltechnologien der Präzisionsreflexionsgitterfertigung. Begrenzt durch die technische Blockade und das Ausrüstungsmonopol der Präzisionsreflexionsgitter-Lithografieherstellung, sind Chinas zweidimensionale Gitter, lineare Verschiebungsgitter mit einer Präzision besser als 1 μm/m und kreisförmige Gitter mit einer Präzision besser als 1" vollständig von Importen abhängig, was ein Flaschenhals-Problem bei der Entwicklung von High-End-Geräten ist.

Das Forschungsteam der Xi'an Jiaotong University hat Forschungen zur Herstellung von Präzisionsgittern und Hochleistungslesetechnologie durch kontinuierliches Walzen und Prägen durchgeführt, den Einfluss der dreidimensionalen Profilgenauigkeit von Nanostrukturen auf das Gittermesssystem untersucht und den Walzdruck-Herstellungsprozess von hochpräzisen Reflexionsgittern und das technische System der Interferenz-Scanning-Lesung etabliert: Es wurde eine Herstellungsmethode für eine Prägeschablone basierend auf einer Zeitreferenz-Abbildungslänge und ein Ablöse- und Formbewahrungsprägeverfahren für ein Präzisionsreflexionsgitters erfunden, das die Rückverfolgbarkeit der Gitterstrukturgenauigkeit in Bezug auf die Zeit ermöglicht, das schwierige Problem des Nanopräzisionsgitterprägens und Replikationsprozesses löst und die periodische Genauigkeit der Gitterstruktur 0,2 nm erreicht (Deutscher PTB-Metrologiebericht); der kontinuierliche Roll-to-Roll-Prägeherstellungsprozess und die Ausrüstung des Präzisionsreflexionsgitters werden erfunden, das Problem der Nanopräzisionskonsistenzherstellung des großen Formats der Gitterstruktur ist gelöst, die Cross-Scale- und die kontinuierliche Herstellung von 180 m ultralangem Gittern, zweidimensionalem Gittern im Meterbereich und kreisförmigen Gittern im Meterbereich ist realisiert; die Interferenzbild-Lesetechnologie für strukturierte Phasengitter wird erfunden, welche das Problem der Lesbarkeit von Präzisionsreflexionsgittern mit großer Spalttoleranz löst.

Die Messgenauigkeit des linearen Verschiebungsgitters ist besser als 0,2 μm/m, die Messgenauigkeit des zweidimensionalen Gitters im Metermaßstab ist besser als 0,4 μm, die Messgenauigkeit des kreisförmigen Gitters ist besser als 0,1", die Lesespalttoleranz ist $(2{,}4 \pm 0{,}3)$ mm und der Index ist in einer international führenden Position. Die Erfindung löst die drei Engpassprobleme der Nanopräzisionsprägung, der großflächigen konsistenten Herstellung und des großen Spalttoleranzlesens der Gitterstruktur und bildet ein Präzisionsreflexionsgitterprodukt mit unabhängigen geistigen Eigentumsrechten [41–48], wie in Abb. 4.8a–b gezeigt.

Das entwickelte präzisionslineare Verschiebungsgitter wird für die großen nationalen Ingenieuranforderungen angewendet. Das ultralange Präzisionsreflexionsgitter wird auf der Bodenmessplattform zur Trennung des Raumsegments mit extrem großer Reichweite angewendet, die die Anforderungen an hohe Geschwindigkeit (5 m/s) und hohe Messpräzision (5 μm/m) innerhalb von 55 m Reichweite

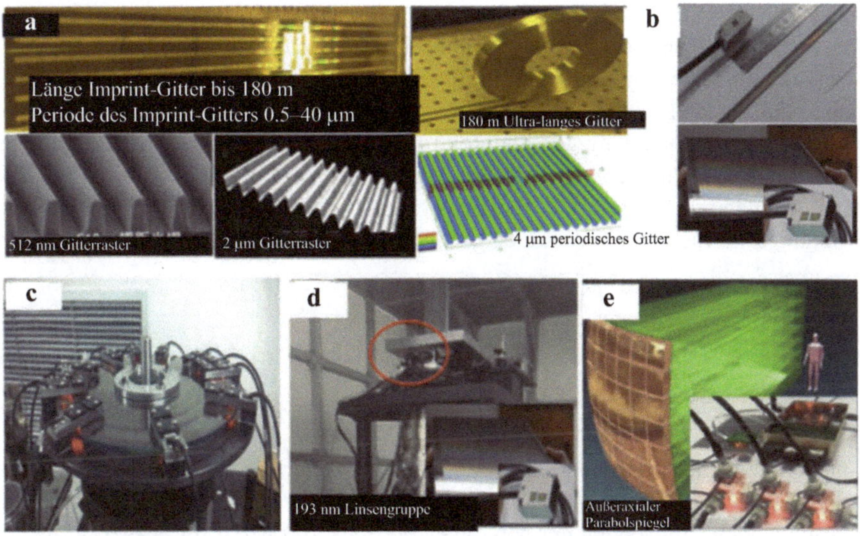

Abb. 4.8 Präzisionsreflexionsgitter und seine Anwendung (**a** Präzisionsreflexionsgitter; **b** Lesesysteme; **c** Anwendung des Präzisionskreisgitters im Winkelreferenzgerät des China Institute of Metrology; **d** Zweidimensionales Präzisionsgitter wird bei der Montage der Linsengruppe der 193-nm-Lithografiemaschine von National 02 special angewendet; **e** Anwendung des Mehrfreiheitsgradgitters zur Pose-Überwachung der Off-Axis-Paraboloptik in großen wissenschaftlichen Projekten)

erfüllt; cin maßgeschneidertes ultralanges Gitter wurde auf die 40.000 t schwere hydraulische Gesenkschmiedepresse für die Luftfahrtindustrie von Xi'an Triangle Defense Co., Ltd. angewendet, um genaue Verschiebungsmessung unter hohen Temperaturen, großen Vibrationen, starken Auswirkungen, Staub und anderen Anwendungsumgebungen während des Schmiedens von integralen Strukturteilen der Raumfahrt aus Titanlegierungen zu realisieren; ultrapräzise lineare Verschiebungsgitter wurden von Shenzhen Zhongtu Instrument Co., Ltd., und anderen Unternehmen angewendet. Das ultrapräzise Kreismesssystem wird bei der Geräteserie „National Plane Angle Reference" angewendet, wie in Abb. 4.8c gezeigt, die die Bauanforderungen der „National Plane Angle Reference" für ultrapräzise Winkelmessung erfüllt und eine Grundlage für die Einrichtung einer neuen Generation von Vollkreis-Winkelmesssystemen in China legt. Das zweidimensionale Gitter im Metermaßstab wurde auf die Montage der Linsengruppe der nationalen 02-Spezial-Lithografiemaschine für 193 nm angewendet, wodurch eine Auflösung von 0,5 nm und eine Genauigkeit von 5 nm erreicht wurde, der Fehler der thermischen Stabilität der Umgebung reduziert und der Entwicklungsprozess der Lithografiemaschine in China gefördert wurde, wie in Abb. 4.8d gezeigt. Das Stereogitter-Messsystem mit mehreren Freiheitsgraden wurde bei der Lagebestimmung von außeraxialen Parabolspiegeln in einem großen nationalen wissenschaftlichen Projekt angewendet, wie in Abb. 4.8e gezeigt, das die Probleme der Montage außerhalb des Standorts, der Fehlerbehebung vor Ort und der Lagebestimmung von optischen Komponenten großer optischer Systeme löst. Die Forschung, Entwicklung und Anwendung einer Reihe von Präzisionsreflexionsgitterprodukten haben das ausländische Technologiemonopol und Produktembargo durchbrochen, unterstützen die unabhängigen und kontrollierbaren Entwicklungsbedürfnisse von Schlüsselmesskomponenten in großen Ingenieurbereichen und essenziellen Geräten in China und fördern die Produktinnovation und Wettbewerbsfähigkeit von Anwendungsunternehmen in zentralen Bereichen.

4.4.2 Speziell geformte Mikronanostruktur und ihre technische Anwendung

Speziell geformte Mikronanostrukturen haben einzigartige optische und mechanische Eigenschaften und spielen eine wichtige Rolle in verschiedenen technischen Anwendungen. Im Bereich der Mikronanooptik hat das Mikrolinsen-Array, als typische Mikronanospezialstruktur, nicht nur die grundlegenden Funktionen traditioneller Linsen wie Fokussierung und Bildgebung, sondern auch die Eigenschaften kleiner Einheitsgröße und hoher Integration. Es kann Funktionen realisieren, die traditionelle optische Elemente nicht erfüllen können und kann viele neue optische Systeme bilden. Im Bereich der bionischen Haftung besitzt die pilzartige trockene Haftstruktur, als typische Mikronanospezialstruktur, die Vorteile einer starken Haftung, hoher Stabilität, starker Anpassungsfähigkeit an Materialien und Morphologie usw. Sie wird von der National Aeronautics and Space Administration in Amerika (NASA) in den Technologieplänen 2015–2035 als einzige Lösung für „reversibles Haftmaterial im Weltraum" aufgeführt, das Raumfahrtmissionen wie die Wartung im Orbit und das Einfangen von Weltraumschrott unterstützt und soll voraussichtlich 2027 und 2033 bei zwei NASA-Missionen in die praktische Anwendung kommen [49]. Die spezielle Leistung und überlegene Leistung von Mikronanospezialstrukturen hängt von der genauen Kontrolle der komplexen Strukturmorphologie ab. Daher ist die Frage, wie eine großflächige konsistente und genaue Herstellung von Mikronanospezialstrukturen realisiert werden kann, der schlüsseltechnische Engpass von der theoretischen Forschung zur technischen Anwendung.

Das Forschungsteam der Xi'an Jiaotong University schlug eine auf Raumfeldkontrolle und Stempelbeschränkung basierende Methode zur Kontrolle von Mikroformen in Multi-Physical-Field-Cooperative-Control-Systemen vor. Das großflächige Mikrolinsen-Array und die trockene Haftstruktur werden durch die Kontrolle des rheologischen Verhaltens von flüssigem Polymer und die Beschränkung der geometrischen Eigenschaften des Stempels gebildet und hergestellt, wie in Abb. 4.9 gezeigt. Zum ersten Mal weltweit ermöglicht diese Methode die großflächige und hocheffiziente Herstellung von leistungsstarken asphärischen Mikrolinsenarrays (Füllrate 98,8 %, Oberflächenbeschaffenheit 0,2 nm, parabolische Topografie, 4-Zoll-Bereich) und löst die technischen Herausforderungen der Topografiekontrolle, Krümmungskontrolle, Präzisionskontrolle und Effizienzkontrolle von

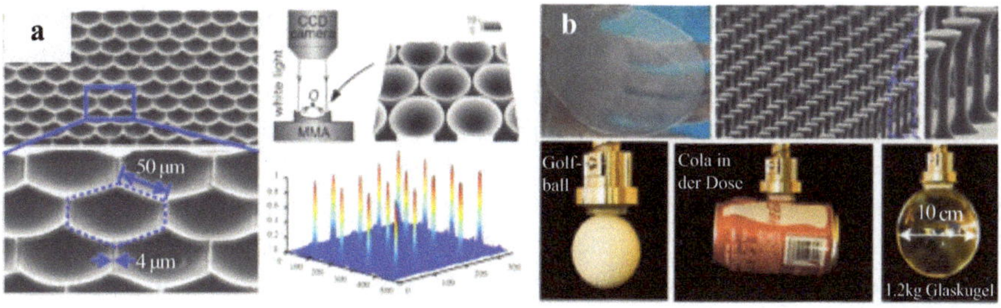

Abb. 4.9 Mikroformkontrolle von Mikronanospezialstrukturen und deren technische Anwendung (**a** Ein Mikrolinsen-Array; **b** Bionische trockene Haftstruktur)

asphärischen Mikrolinsenarrays [10, 12]; die bionische Herstellung der bionischen Gecko-Pilzmikrostrukturanordnung wird realisiert, und die bionische Gecko-Pilzmikrostrukturanordnung kann hohe Haftungseigenschaften auf Zielobjekten wie glatten Oberflächen und unebenen Oberflächen zeigen, und die Haftstärke ist so hoch wie 12 N/cm^2, was die Haftleistung von natürlichen Gecko-Organismen übertrifft [36, 50, 51].

Die durch die kooperative Kontrolle von Multi-Physical Fields hergestellte bionische trockene Haftstruktur wurde in die Modellentwicklungsaufgabe eines Forschungsinstituts integriert, das eine Reihe von Problemen wie die Serienfertigung von Spezialstrukturen und die Kontrolle der Haftleistung löst und innovative Fertigungsmethoden für Großprojekte wie die Wartung im Orbit und die Montage im Weltraum bietet. Darüber hinaus kooperierte das Forschungsteam mit Hefei Xinyihua, BOE Display und anderen Geräte- und Elektronikherstellungsunternehmen, um ein intelligentes Aufnahme- und Handhabungssystem für Flachbildschirme und Lithium-Ionen-Batterieverpackungen zu entwickeln.

4.4.3 Ultradünne Lichtleitplatte und ihre technische Anwendung

Als zentrales Bauteil des Flüssigkristallbildschirms (LCD) bestimmt die Leistung der Lichtleitplatte die Qualität des LCD. Seitdem das LCD die Kathodenstrahlröhre und andere Displays ersetzt hat, suchen die Menschen nach Möglichkeiten, Displays dünner und leichter zu machen, und stellen die Anforderung eines ultradünnen Hintergrundbeleuchtungsmoduls. Die Dicke der durch den traditionellen Spritzgussprozess hergestellten Lichtleitplatte ist relativ hoch, und die Breite beträgt in der Regel weniger als 20 Zoll, was einen begrenzten Beitrag zur Gesamtverdünnung leistet. Darüber hinaus beträgt der Bearbeitungszyklus von Spritzgussformen in der Regel 2–3 Wochen, und es dauert mehr als 1 Monat, um die optische Überprüfung eines Zyklus abzuschließen, was einen langen Zyklus und hohe Kosten bedeutet. Um den Bedürfnissen der schnellen Entwicklung des LCD und der schnellen Aufrüstung von elektronischen Produkten gerecht zu werden, ist es dringend notwendig, eine umfassende Innovation im Design durchzuführen, Formbearbeitung, Produktionskapazität und andere Aspekte der ultradünnen Lichtleitplatte, um ultradünne Lichtleitplattenprodukte mit einfachem Prozess, geringen Kosten und großem Format zu produzieren.

Das Forschungsteam der Suzhou University hat die Herstellungstechnologie für flexible Mikrostrukturformen, genetische Algorithmen zur Optimierung von Lichtleitpunktdaten und Softwareentwicklung entwickelt. Die realisierte ein- und zweidimensionale Mikrostrukturherstellung mit einer Merkmalsgröße von 20–100 μm und einer Tiefe von 3–5 μm wurde erfolgreich auf 15–65 Zoll ultradünne Lichtleitplattenformen angewendet. Die ultraschnelle Herstellung von Mikrostrukturformen wurde durch Laser-Hochgeschwindigkeits-Scanning-Lithografie realisiert. Mit der Technologie des „Roll-to-Roll-Nanoimprint + Sheet-to-Sheet-Nanoimprint" wird die nachhaltige Massenherstellung von Lichtleitbauteilen mit 5–65 Zoll Größe realisiert, wie in Abb. 4.10 gezeigt.

4.4.4 Flexible transparente leitfähige Folie und ihre technische Anwendung

Transparente leitfähige Elektroden (TCEs) sind die Kernkomponenten der nächsten Generation flexibler elektronischer Geräte aufgrund ihrer Flexibilität, Transparenz und guten Leitfähigkeit. Sie können in Touchsensoren, Anzeigegeräten, organischen Fotodioden und anderen Bereichen weit verbreitet eingesetzt werden. Metallbasierte TCEs zeichnen sich durch hohe Transparenz, Flexibilität und Leitfähigkeit sowie niedrige Produktionskosten aus. Ihre Herstellungsmethoden umfassen hauptsächlich Nanoimprint, Mikrosphärenlithografie, Korngrenzenlithografie usw. Allerdings ist der Herstellungsprozess umständlich und zeitaufwendig, was oft Metallätzen, Stempelherstellung, vakuumthermische Verdampfung und

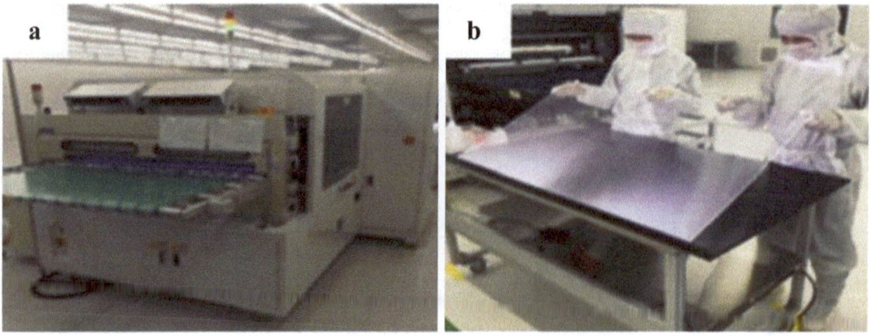

Abb. 4.10 Ultradünne Lichtleitplatte und ihre technische Anwendung (**a** Prägeausrüstung für ultradünne Lichtleitplatten; **b** 55-Zoll-Lichtleitplattenprodukte)

andere Prozesse beinhaltet. Darüber hinaus ist das Metallgitter von TCEs basierend auf diesem Schema auf der Oberfläche des flexiblen Substrats angebracht, was eine nicht ebene Struktur ist, und die Schwankungen erreichen oft Mikrometergröße. Bei der Herstellung organischer optoelektronischer Bauteile ist es schwierig für ultradünne organische Schichten (Zehntel von Nanometern), auf mikrometergroßen welligen Elektroden kontinuierliche Strukturen zu bilden, was zu Kurzschlüssen neigt. Darüber hinaus ist die Haftung zwischen Metall und Substrat schwer zu garantieren, sodass sie sich leicht ablösen, was es schwierig macht, die Anforderungen von hochflexiblen optoelektronischen Bauteilen zu erfüllen. Daher ist es dringend notwendig, die Herstellungsmethode von transparenten Elektroden mit einfachem Prozess, niedrigen Kosten und Erweiterbarkeit zu entwickeln, um TCEs mit einstellbarer Lichtdurchlässigkeit und einstellbarem Flächenwiderstand und guten mechanischen Eigenschaften zu realisieren.

Das Forschungsteam der Suzhou University hat den Verbundherstellungsprozess von „Nanoimprint + additive Füllung" mit funktionaler Struktur erfunden und die innovative Herstellung von transparenter leitfähiger Mikrometallgitterfolie (Elektrode), eingebetteten elektronischen Bauteilen und flexiblen Sensoren realisiert. Die Methode führt eine flexible transparente Elektrodenstruktur mit vergrabenem Metallgitter ein, entwirft und realisiert die integrierten Anforderungen von „Flexibilität – Transparenz – hohe Leitfähigkeit – hohe mechanische Eigenschaften" aus den Perspektiven von Strukturdesign, Mikronanobearbeitung, Materialfüllung/Wachstum usw. und entwickelt hochleistungsfähige metallbasierte TCEs, geeignet für flexible fotoelektrische Systeme; die flexible transparente selbsttragende (substratfreie) Metallgitterelektrode wird realisiert, die Dehnung, Falten und beliebige Verformungen aushalten kann. Wissenschaftliche Arbeiten, die die Forschungsergebnisse im Zusammenhang mit dem Verbundherstellungsprozess von „Nanoimprint + Füllung und Hinzufügen von Materialien" widerspiegeln, werden in Top-Energiezeitschriften *Energ Environ Sci* in Form von Back Inside Cover veröffentlicht und wurden als Top-Artikel in der Zeitschrift im Jahr 2017 ausgewählt.

Auf der Grundlage des Herstellungsprozesses von „Nanoimprint + Füllung und Hinzufügen von Materialien" hat das Forschungsteam der Xi'an Jiaotong University eine elektrisch gesteuerte großformatige Schabefüllmethode erfunden, die das Problem des „nicht tiefen, nicht guten und nicht schnellen Füllens" löst, das bei direktem Schaben und Füllen von funktionalen Materialien (wie Silber-Nanotintenmaterialien) auftritt, und hat technische Unterstützung für die großflächige Herstellung von hochwertigen flexiblen transparenten leitfähigen Folien bereitgestellt, wie in Abb. 4.11 gezeigt. Die wissenschaftliche Arbeit [36, 52, 53], die das Prinzip des großformatigen Schabens und Füllens, gesteuert durch ein elektrisches Feld, erläutert, wurde in ACS Editors' Choice aufgenommen, zählt zu den am häufigsten heruntergeladenen Papieren in *ACS Appl Mater Interfaces* im Jahr 2014 und wurde in die ausgewählten Arbeiten der Royal Physics Society im Jahr 2011 aufgenommen.

Der mit der Technologie von „Nanoimprint + Füllung und Hinzufügen von Materialien" hergestellte transparente kapazitive Touchscreen ist in die industrielle Anwendung eingetreten, realisiert die nachhaltige Herstellung von großformatigen transparenten Elektroden und flexiblen Schaltungen ohne Ätzen und stößt die

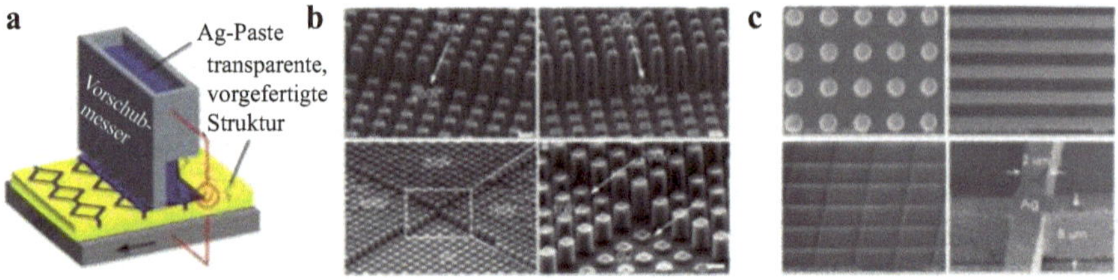

Abb. 4.11 Elektrisch gesteuertes Schaben und Füllen (**a** Das Prinzip des elektrisch gesteuerten Schabens und Füllens; **b** Einfluss der Spannung auf die Fülltiefe und Kontrollfähigkeit; **c** Elektrisch gesteuertes Schaben und Füllen von Silber-Nanotinte)

traditionelle Vorstellung um, dass flexible Schaltungen einen Ätzprozess benötigen. Zum Beispiel erreicht eine Transmission von 0,1–50 m^2 einen Wert von 88 % der technischen Parameter, während wenn die Transmission von ITO in der Industrie 88 % beträgt, die Transmission über 200 m^2 liegt. Unter ihnen wurden transparente kapazitive 8- bis 70-Zoll-Touchscreens mit Nanosilber-Mikrogitter in Chargen produziert und in Banken, Spielautomaten, Computerterminals, Riesen-Touchscreens und anderen Bereichen eingesetzt. Die Produkte wurden an die Endmärkte der Vereinigten Staaten, Japan und Deutschland verkauft, wie in Abb. 4.12 gezeigt.

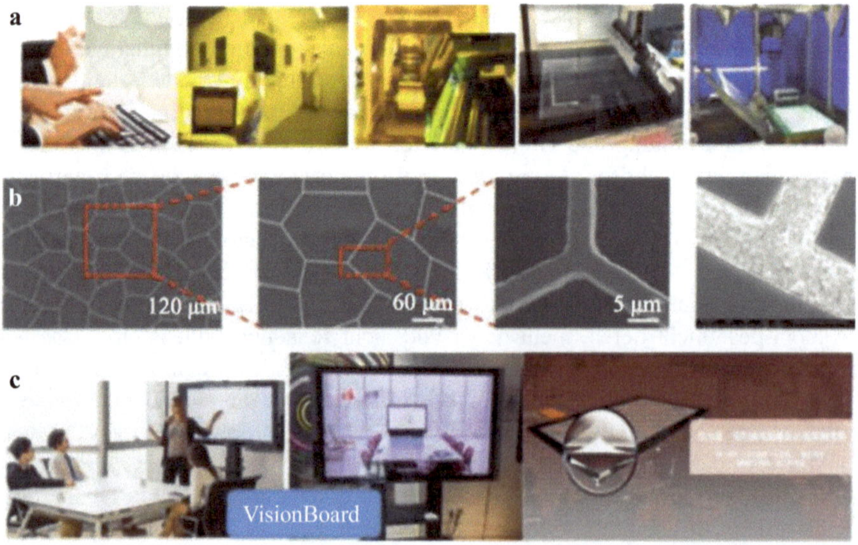

Abb. 4.12 Flexible transparente leitfähige Folie und Ingenieuranwendung (**a** „Nanoimprint + Füllen und Hinzufügen von Materialien“ Herstellungsausrüstung; **b** Typische hergestellte Mikronanostrukturen; **c** Großformatige transparente leitfähige Folie und ihre industrielle Anwendung)

Literatur

1. Mugele F, Baret JC (2015) Electrowetting: from basics to applications. J Phys Condens Matter 17(28):R705
2. Li X, Tian H, Shao J et al (2016) Decreasing the saturated contact angle in electrowetting-on-dielectrics by controlling the charge trapping at liquid-solid interfaces. Adv Funct Mater 26(18):2994–3002
3. Chen X, Shao J, An N et al (2015) Self-powered flexible pressure sensors with vertically well-aligned piezoelectric nanowire arrays for monitoring vital signs. J Mater Chem C 3(45):11806–11814
4. Cao J, An Q, Liu Z et al (2019) Electrowetting on liquid-infused membrane for flexible and reliable digital droplet manipulation and application, sensors actuators B. Chem 291:470–477
5. Xu Q, Dai B, Huang Y et al (2018) Fabrication of polymer microlens array with controllable focal length by modifying surface wettability. Opt Express 26(4):4172–4182
6. Liu J, Wan L, Zhang M et al (2017) Electrowetting-induced morphological evolution of metal-organic inverse opals toward a water-lithography approach. Adv Funct Mater 27(7):1605221
7. Song HC, Maurya D, Sanghadasa M et al (2017) Interface controlled growth of single crystalline PbTiO3 nanostructured arrays. J Phys Chem C 121(48):7191–27198
8. Tian H, Shao J, Ding Y et al (2014) Electrohydrodynamic micro-/nanostructuring processes based on prepatterned polymer and prepatterned template. Macromolecules 47(4):1433–1438
9. Wang Y, Hu H, Shao J et al (2014) Fabrication of well-defined mushroom-shaped structures for biomimetic dry adhesive by conventional photolithography and molding. ACS Appl Mater Interfaces 6(4):2213–2218
10. Li X, Tian H, Ding Y et al (2013) Electrically template dewetting of a UV-curable pre-polymer film for the fabrication of a concave microlens array with well-defined curvature. ACS Appl Mater Interfaces 5(20):9975–9982
11. Hu H, Tian H, Shao J et al (2017) Friction contribution to bioinspired mushroom-shaped dry adhesives. Adv Mate Interfaces 4(9):1700016
12. Li X, Ding Y, Shao J et al (2012) Fabrication of microlens arrays with well-controlled curvature by liquid trapping and electrohydrodynamic deformation in microholes. Adv Mater 24(23):165–169
13. Nazaripoor H, Koch CR, Sadrzadeh M et al (2016) Thermo-electrohydrodynamic patterning in nanofilms. Langmuir 32(23):5776–5786
14. Hyun DC, Park M, Jeong UJ (2016) Micropatterning by controlled liquid instabilities and its applications. J Mater Chem C 4(44):10411–10429
15. Demirörs AF, Crassous JJ (2017) Colloidal assembly and 3D shaping by dielectrophoretic confinement. Soft Matter 13(17):3182–3189
16. Malshe AP, Bapat S, Rajurkar KP et al (2018) Bio-inspired textures for functional applications. CIRP Ann 67(2):627–650
17. Hu Z, Tian M, Nysten B et al (2009) Regular arrays of highly ordered ferroelectric polymer nanostructures for non-volatile low-voltage memories. Nature Mater 8(1):62
18. Chen X, Tian H, Li X et al (2015) A high performance P (VDF-TrFE) nanogenerator with self-connected and vertically integrated fibers by patterned EHD pulling. Nanoscale 7(27):11536–11544
19. Chen X, Li X, Shao J et al (2017) High-performance piezoelectric nanogenerators with imprinted P (VDF-TrFE)/BaTiO3 nanocomposite micropillars for self-powered flexible sensors. Small 13:1604245
20. Fan FR, Tang W, Wang ZL (2016) Flexible nanogenerators for energy harvesting and self-powered electronics. Adv Mater 28(22):4283–4305

21. Stadlober B, Zirkl M, Irimia-Vladu M (2019) Route towards sustainable smart sensors: ferro-electric polyvinylidene fluoride-based materials and their integration in flexible electronics. Chem Soc Rev 48(6):1787–1825
22. Peng H, Sun X, Weng W et al (2016) Polymer materials for energy and electronic applications. Academic

Kapitel 5
Skalenübergreifende integrierte Fertigung von Nanostrukturen und Bauelementen

Bingheng Lu, Jianbin Luo, Zhongqun Tian, Dongming Guo, Han Ding, Changzhi Gu, Zhihong Li und Ming Liu

Auf der Grundlage der Nanopräzisionsfertigung und der Nanostrukturfertigung ist die Integration von Nano-/Subnanopräzision und Mikronano-Multiskalenstrukturen und Cross-Scale-Manufacturing der einzige Weg für die Nanofertigung, um sich in Richtung industrieller Anwendung zu bewegen und großen nationalen Ingenieuranwendungen zu dienen. Am Beispiel der Herstellung von Biochemiesensoren umfasst der Sensorprozess zwei Schnittstellen: die Reaktionsschnittstelle auf der Ebene von biochemischen Molekülen (die erste Schnittstelle) und die Umwandlungsschnittstelle, die ein elektrische Ausgangssignal zur Verfügung stellt (die zweite Schnittstelle).

B. Lu (✉)
Xi'an Jiaotong Universität, Xi'an, Shaanxi, China
E-Mail: bhlu@mail.xjtu.edu.cn

J. Luo
Tsinghua Universität, Peking, China

Z. Tian
Xiamen Universität, Xiamen, Fujian, China

D. Guo
Dalian University of Technology, Dalian, Liaoning, China

H. Ding
Huazhong Universität für Wissenschaft und Technologie, Wuhan, Hubei, China

C. Gu
Institut für Physik, Chinesische Akademie der Wissenschaften, Peking, China

Z. Li
Tianjin Universität, Tianjin, China

M. Liu
Schule für Mikroelektronik, Universität für Wissenschaft und Technologie von China, Hefei, Anhui, China

B. Lu, *Grundlegende Forschung über die Herstellung von Nanopartikeln*,
https://doi.org/10.1007/978-3-662-69235-6_5

Die erste Schnittstelle ist dazu da, Informationen auf der molekularen Strukturskala zu übertragen, welche die Sensitivität und Selektivität des Sensors bestimmen. Im Allgemeinen handelt es sich bei dem Sensor um eine molekulare, geordnete Nanosensitivstruktur; üblicherweise wird die Herstellungstechnologie von Bottom-up verwendet, um die Vorteile von hoher Sensitivität und hoher Spezifität gegenüber biochemischen Molekülen zu gewährleisten; jedoch können aufgrund der Begrenzung des Wachstumsmechanismus keine hohe Sensitivität und hohe Spezifität, keine großen Flächen sowie keine hohe Konsistenz und Wiederholbarkeit der Chargenherstellung erreicht werden. Die zweite Schnittstelle dient dazu, physikalische Effekte in messbare elektrische Signale umzuwandeln, normalerweise mit der Top-down-Herstellungsmethode. Die erste Schnittstelle muss mit der zweiten Schnittstelle integriert werden, um einen vollständigen biochemischen Sensor zu bilden, sonst kann der biochemische Effekt nicht zu einem direkt nachweisbaren Signal werden. Daher ist es notwendig, ein kompatibles Nanomikro-(makro-)Cross-Scale-Manufacturing zwischen Nanofertigung und Mikrostruktur zu realisieren.

Um das Engpassproblem der Konsistenz und Chargenherstellung über Skalen hinweg zu lösen, muss man bei den physikalischen und chemischen intrinsischen Eigenschaften der Materialstruktur und der externen Energieregulierung ansetzen. Einerseits werden selbstbeschränkte Nanostrukturen durch die Untersuchung der Anisotropie des Wachstums oder Ätzens gebildet, die durch strukturelle Spezifitäten wie Bindungsenergie, periodisches Potenzial, an Kanten hängende Bindungen und Materialdefekte verursacht wird, wodurch eine hochkontrollierbare Chargenverarbeitung von Nanostrukturen realisiert wird; andererseits wird die Lokalisierungsenergie durch Anwendung verschiedener externer Felder (wie Lichtfeld, Temperaturgradientenfeld und elektrisches Feld) verändert, und der Regulierungsmechanismus der Entfernung, Beibehaltung und Rekonstruktion von Nanostrukturen nach Bedarf wird untersucht. Die bedarfsgerechte Konstruktion von Nanostrukturen auf der Sensoroberfläche und ein hohes Maß an struktureller Kontrollierbarkeit werden durch Mehrfeldregulierung realisiert.

Das Forschungsteam, bestehend aus der Beijing University, dem Shanghai Institute of Microsystem and Information Technology, der Chinese Academy of Sciences und dem Institute of Physics der Chinese Academy of Science, hat auf der Grundlage von Selbstorganisation, Nanoskalenbearbeitung und Mikronanoverbundherstellung in der Frühphase integrierte Forschungen durchgeführt, die auf die Hauptanforderung der Überwachung und Sicherstellung der öffentlichen Sicherheit für Mikrobiochemiesensoren abzielen. Durch die Kombination der Top-down- und Bottom-up-Bearbeitungsmethoden kann das Kompatibilitätsproblem der integrierten Herstellungsmethode von Nano- und Mikrostrukturen gelöst werden, das selbstbeschränkte Nanobearbeitungsprinzip auf der Grundlage der strukturellen Heterogenität von Materialien, das physikochemische Prinzip des kontrollierten Cross-Scale-Manufacturing on demand von Nanostrukturen und der Mehrfeldsteuerungsmechanismus, die Methode der lokalen selektiven Mehrfachkonstruktion und Nanochargenherstellung von Mikrostrukturoberflächen wurden etabliert, was die Kerntechnologie der integrierten Chargenherstellung von leistungsstarken biochemischen Sensoren vor Ort im Mikro- und Nanomaßstab durchbrach und den Verifizierungsprototyp von schnellen biochemischen Nanospuren-Sensoren bildete, das in der Lebensmittelsicherheit und im Antiterror-Sensorsystem für die öffentliche Sicherheit zur Grundsatzüberprüfung eingesetzt wurde.

5.1 Hochpräzise kontrollierbare Herstellung durch selbstbeschränkte Nanobearbeitung

Das Forschungsteam des Shanghai Institute of Microsystem and Information Technology der Chinese Academy of Science hat auf der Grundlage des Prinzips der selbstbeschränkten Nanobearbeitung die kontrollierte Herstellung auf Waferlevel von Arrays aus Siliziumnanodraht mit (111)-SOI-Materialien vorgeschlagen. Unter Verwendung der Verteilungsmerkmale der {111}-Kristallebenenfamilie auf (111)-Siliziumwafern wurden dünnwandige einkristalline Siliziumstrukturen mit einer Breite von mehreren Hundert Nanometern durch anisotropes Ätzen von einkristallinem Silizium hergestellt. Dann wird der dünnwandige spezifische Bereich durch selbstlimitierende Oxidationstechnologie in eine einkristalline Siliziumnanodrahtstruktur umgewandelt, und die Steuerbarkeit der Waferlevel-Präparation von Arrays aus Siliziumnanodraht wird durch die Verwendung von SOI-Materialien weiter verbessert, wie in Abb. 5.1 dargestellt. Die Länge der hergestellten Proben

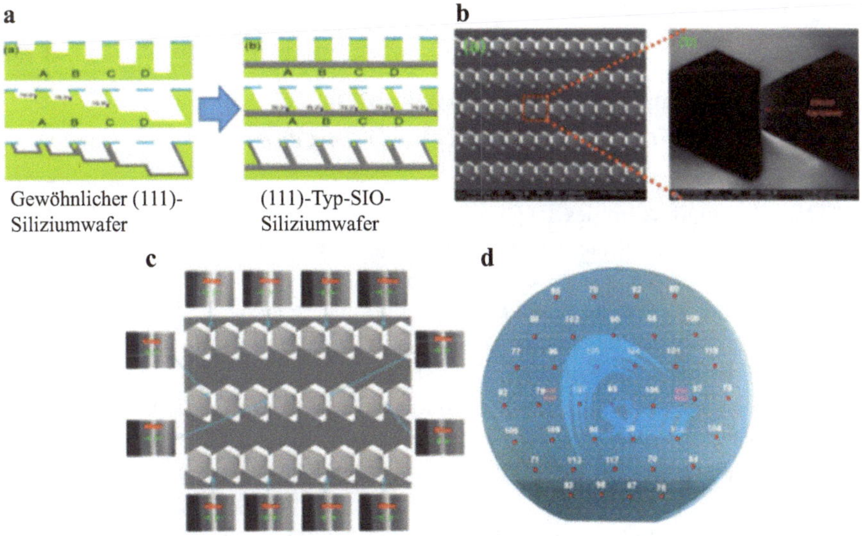

Abb. 5.1 Herstellung auf Waferlevel von Siliziumnanodrahtarrays mit (111)-SOI-Materialien (**a**) Schematische Darstellung des Bearbeitungsablaufs; (**b**)–(**c**) Mikroskopische Ansicht; (d) Lokale Vergrößerung

beträgt 5–40 µm. Aufgehängte einkristalline Siliziumnanodraht-Arraybauteile mit einer Breite von 25–100 nm haben eine Ausbeute von über 90 %. Diese Leistung ist deutlich besser als die berichtete Siliziumnanodraht-Arraystruktur, die die weitere Anwendung von Arrays aus Siliziumnanodraht effektiv fördert. Der in Massenproduktion hergestellte TNT-Sensor kann in gasförmiger Umgebung das ppt-Niveau erreichen, was dem in der Literatur berichteten höchsten Niveau entspricht. Diese Forschungsarbeit wurde in 27 Übersichtsartikeln (darunter zwei in *Chem Rev* (IF: 52,61) und zwei in *Chem SOC Rev* (IF: 40,18)) und in neun Monografien zitiert und wurde von dem international anerkannten Gelehrten und Professor Charles M. Liber der Harvard University in *Chem Rev* hoch gelobt.

Das Projektteam realisierte auch die Herstellung von integrierten N-Typ- und P-Typ-Siliziumnanodrahtchips und verifizierte die komplementäre Detektion von PSA. Ausgehend vom Schlüsselätzprozess, der Verfeinerung von Nanodrähten und der Prozesskonsistenz wird die Methode der integrierten Herstellung von N-Typ- und P-Typ-Siliziumnanodrahtbauteilen auf demselben Chip untersucht. Durch anisotropes Ätzen mit Selbststopp und Ätzbegrenzung bei Nanodicke wird die zuverlässige Herstellung der beiden Arten von Siliziumnanodrähten realisiert, die Oberfläche der Siliziumnanodrähte ist glatt und die Größe ist einheitlich, mit einem Minimum von 20 nm. Mit N-Typ- und P-Typ-Siliziumnanodrahtarrays, die auf demselben Chip integriert sind, kann eine komplementäre Kontrolldetektion von PSA durchgeführt werden. Durch den Vergleich der Ergebnisse der beiden Arten von Bauteilen können falsch positive Signale vermieden, der Einfluss externer Störungen eliminiert und die Zuverlässigkeit der Detektion sichergestellt werden. Das Bauteil selbst kann einen Selbstvergleich durchführen, was eine innovative neue Sensorstrategie darstellt, wie in Abb. 5.2 [1] gezeigt.

5.2 Herstellung von dreidimensionalen Mikronanostrukturen durch ein externes Feld

Das Nanofertigungsteam des Institute of Physics der Chinese Academy of Science realisierte das Cross-Scale-Manufacturing auf Waferlevel von dreidimensionalen Mikronanostrukturen mit einer charakteristischen Skala von 200 nm und einer Änderung in der strukturellen räumlichen Orientierung (Falten und Biegen von 0 bis 180°) durch externe Feldinduktion. Diese Methode kann auch die externe Feld-induzierte Bearbeitung der Sub-10-nm-Metallspitzen bis zum Array realisieren. Eine Faltbearbeitungsmethode von dreidimensionalen Metallnanostrukturen basierend auf fokussierter Ionenstrahlbestrahlung wird entwickelt, die zweidimensionale Metalldünnfilmmaterialien in der Ebene scheren und falten kann. Durch grafisches Design, Ebenenscheren und mehrfaches geordnetes Falten werden großflächige kontrollierbare Bearbeitungen mit einstellbarer Größe, Periode und geometrischer Morphologie von Metallnanostruktureinheiten [2–4] realisiert. Die Methode hat den Vorteil der Materialuniversalität und eignet sich für die Faltbearbeitung von dreidimensionalen Mikronanostrukturen anderer Medien und Oxidfilme [5, 6]. Das Forschungsteam

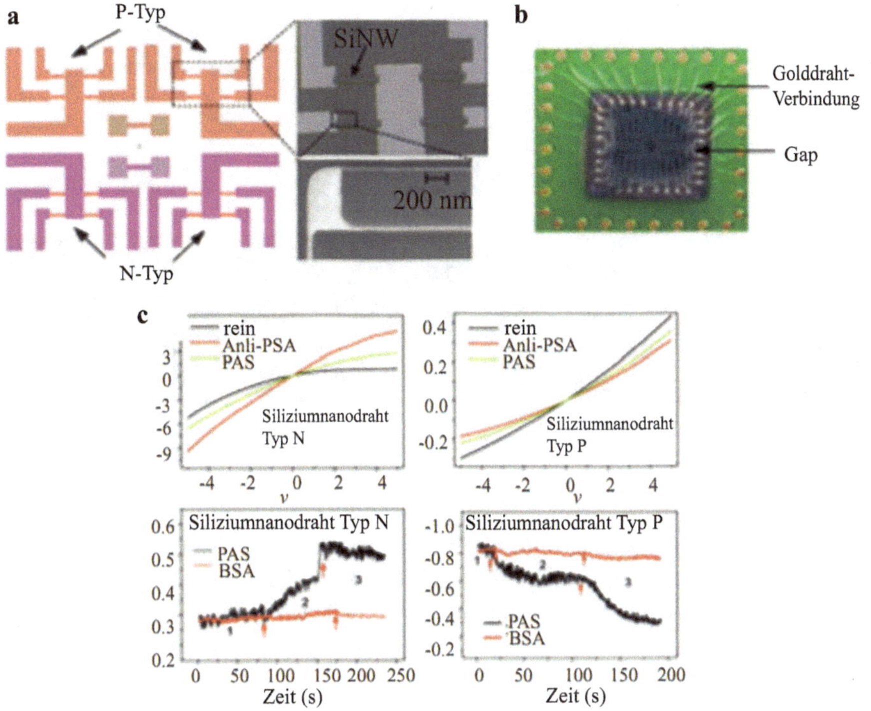

Abb. 5.2 Integriert hergestellte N-Typ- und P Typ-Siliziumnanodrähte und ihre komplementäre Kontrolldetektion von PSA

faltete die zweidimensionale Metallstruktureinheit durch Faltbearbeitung, um eine dreidimensionale Kompositstruktur aus Dielektrikumfilm und Metallstruktureinheit zu bilden, was die Materialkombinationsfunktion der gefalteten Struktur erheblich erweiterte und auch ihren Anwendungsbereich im Bereich der optischen Regulation erweiterte, wie in Abb. 5.3 gezeigt. Neben der Faltbearbeitung wird eine dreidimensionale nanostrukturierte Biegebearbeitungsmethode basierend auf Dünnfilmdehnungsinduktion erforscht. Diese Technologie nutzt hauptsächlich eine großflächige Dehnung von Dünnfilmen unter Ionenstrahlbestrahlung, um eine Biegung zu verursachen. Die Biegebearbeitungsskala ist so klein wie mehrere Hundert Nanometer, die Bearbeitungseffizienz ist höher. Basierend auf der oben genannten kombinierten Bearbeitungsmethode von Biegen und Falten hat das Team eine dreidimensionale Montagebearbeitungsmethode mit größerer räumlicher Freiheit im Mikronanomaßstab realisiert, die komplexere dreidimensionale Formen konstruieren und mehrstufige dreidimensionale Strukturen realisieren kann, die nicht durch eine einzige Bearbeitungsmethode abgeschlossen werden können. Diese Strukturen haben wichtige Anwendungspotenziale in den Bereichen Bionik, Biologie, Energie, MEMS/NEMS und Mikronanophotonik [7–9]. Aufgrund des Fortschritts der dreidimensionalen Faltbearbeitung im Mikronanomaßstab und der kontrollierbaren Bearbeitung

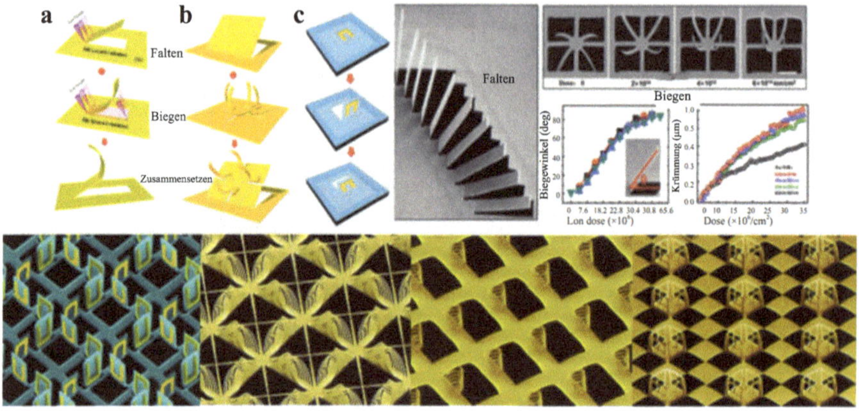

Abb. 5.3 Schematische und strukturelle Fotos der dreidimensionalen Montage (Falten/Biegen), basierend auf Nanofilm

von Sub-10-nm-Metallspaltarray und ihrer Anwendungsforschung wurde das Forschungsteam eingeladen, in *Adv Mater* (2019, 31, 1802211) und *Small* (2019, 15, 180, 4177) jeweils einen zusammenfassenden Artikel zu schreiben.

5.3 Konstruktion von funktionalen Nanostrukturbereichen on demand

Selbstorganisation, die physikalische und chemische Energie zur Regulierung kombiniert, ist der Schlüssel zur Erreichung hoher Selektivität und Spezifität von biochemischen Sensoren und es ist auch eine effektive Methode zur Realisierung einer Konstruktion von funktionalen Nanostrukturbereichen on demand. Die Strukturierung von Nanostrukturen und die integrierte Fertigung auf Waferebene werden durch Maskenlithografie realisiert., die die Selektivität und Konsistenz von biochemischen Sensoren gewährleistet, die Nichtuniformität von selbstorganisierten Monoschichten ist weniger als 5 %. Das Nanofertigungsteam des Shanghai Institute of Microsystems and Information Technology, Chinese Academy of Sciences schlug die „generalisierte Lithografie"-Technologie zur Selbstmontage mehrerer Moleküle vor. Die „generalisierte Lithografie"-Technologie zur Selbstmontage mehrerer Moleküle ist eine Fertigungsmethode auf Waferebene, die Top-down und Bottom-up kombiniert, wie in Abb. 5.4 gezeigt. Top-down bezieht sich auf die Deep-UV-Lithografie von Monomolekülfilmen durch harte Masken und Musterung von selbstorganisierten monomolekularen Filmen durch makroskalige Werkzeuge und Materialien; Bottom-up bezieht sich auf die funktionale Modifikation verschiedener Bereiche im Chip durch mehrfache Selbstorganisation einer großen Anzahl von nanoskaligen Molekülen. Die Hauptschritte sind wie folgt: Zunächst wird ein Einzelmolekülfilm abgeschieden; Deep-UV-Belichtung wird durch eine

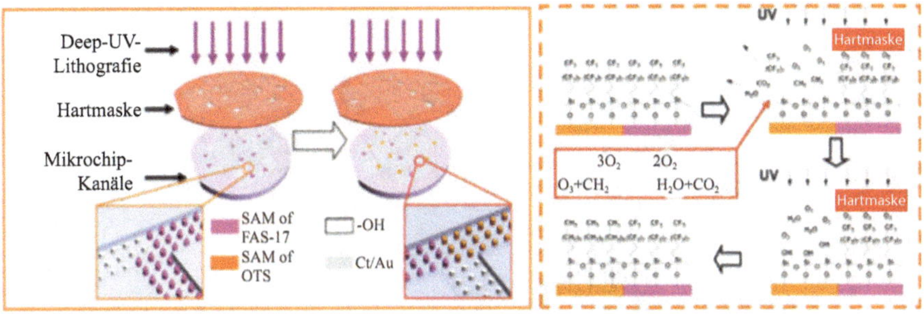

Abb. 5.4 Schematische Darstellung des Prinzips der „generalisierten Lithografie“-Technologie

harte Maske abgeschlossen, ein weiterer Einzelmolekülfilm wird nach dem ersten Einzelmolekülfilm abgeschieden, der im Belichtungsbereich entfernt wird; der Prozess kann viele Male wiederholt werden; die Waferleveloperation wird durchgeführt; die Fertigungseffizienz des Chips wird erheblich verbessert. Mit dieser Technologie werden hydrophile Oberflächen in den empfindlichen Bereichen von Mikrocantilever und oleophobe und hydrophobe Oberflächen in anderen Bereichen hergestellt, wodurch die Fixiermethode von empfindlichen Materialien verbessert wird von der manuellen Beschichtung einzelner Bauteile hin zur Massenverarbeitung mittels Spin-Coating-Verfahren und hochkonsistente Chargenvorbereitung von biochemischen Sensoren mit Mikrocantilevern realisiert wird [10–12].

Das Team verwendete die „generalisierte Lithografie“-Technologie, um hydrophobe und oleophobe Oberflächen und aminbasierte funktionalisierte Oberflächen in verschiedenen Bereichen des Mikrokanals zu konstruieren, und brachte mesoporöses Precursor-Material selektiv in dem Bereich ein, um dort aufzuwachsen, wodurch eine Mikronano-Cross-Scale-Chip-Herstellungsmethode entstand, die mehrere Nanoröhren im Mikrokanal integriert.

Mit der Wiegemethode mit variabler Temperatur basierend auf dem resonanten Mikrocantileversensor wurde festgestellt, dass mesoporöse SiO_2-Nanomaterialien Organophosphor chemisorbieren können, sodass ein neuer Prototyp eines Festphasen-Mikroextraktionsprinzip mit dem Chip als Kern entwickelt wurde. Der Prototyp wurde erfolgreich verwendet, um Spuren von Dichlorvos, Chlorpyrifos und Paraoxon in einer wässrigen Lösung anzureichern, und die Spurenpestizidmoleküle wurden weiter mit Wasser mischbar in Ethanol extrahiert. GC–MS-Analyseergebnisse bestätigten, dass die Extraktionsrückgewinnungsrate 80 % erreichte [13], wie in Abb. 5.5 gezeigt.

Das Forschungsteam des Shanghai Institute of Microsystems and Information Technology, Chinese Academy of Sciences, hat auch mikronanokomposite mikrochromatografische Säulen durch Verwendung von Nanomaterial-Konstruktionstechnologie für Mikrobereiche hergestellt. Für chromatografische Säulen ist es ein Schlüsselproblem, ihre Trennfähigkeit zu verbessern. Nanomesoporöse Siliziummaterialien sind ideal als stationäre Phase oder stationäre Phasenträger wegen ihrer hohen spezifischen Oberfläche und stabilen physikalischen und chemischen

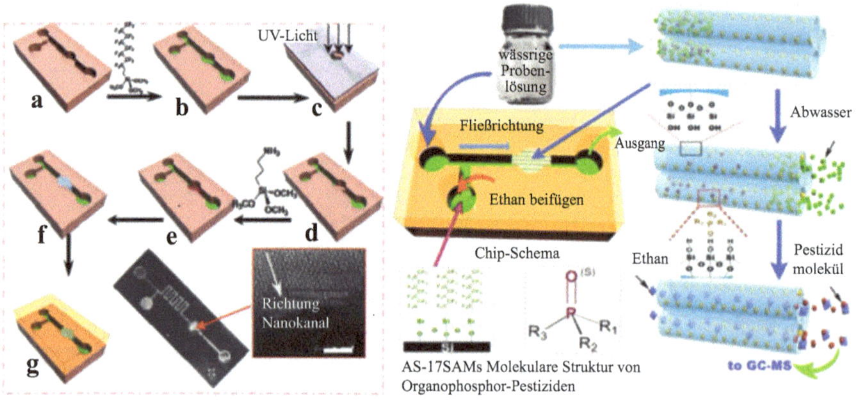

Abb. 5.5 Schematische Darstellung der Herstellungsschritte des integrierten mikronanofluidischen Cross-Scale-Chips (links); schematische Darstellung des Prinzips der Anreicherung und Extraktion von Organophosphor-Pestizidrückständen mit dem Chip (rechts)

Eigenschaften. Basierend auf dem Siliziumsubstrat hat das Team zuerst die Top-down-Methode verwendet, um einen Mikrokanal mit einem Mikrosäulenarray zu präparieren, und dann die Bottom-up-Methode verwendet, um eine Schicht von nanomesoporösem Silizium in einer siliziumbasierten Mikrochromatographiesäule zu konstruieren, und damit die kontrollierte Herstellung einer dreidimensionalen auf einem Mikronano-Siliziumkomposit basierenden Struktur gezeigt, um die Fähigkeit der großflächigen Batch-Herstellung auf Waferlevel zu erreichen. Tests zeigen, dass das nanomesoporöse Silizium, das auf der Oberfläche der Mikrochromatographiesäule konstruiert wurde, eine spezifische Oberfläche von 650 m^2/g und eine Porengröße von etwa 2 nm hat, was eine starke Trennfähigkeit für leichte Kohlenwasserstoffe zur Folge hat. Mit einer 2-nm-Mikrochromatographiesäule kann man eine Trenngrad größer als 1 für Methan-Ethan-Gemische erhalten, die schwer zu trennen sind, wie in Abb. 5.6 gezeigt [14, 15].

5.4 Kontrollierte Bearbeitungsmethode von zweidimensionalem Nanostrukturmaterial

Das Nanofertigungsteam des Institute of Physics der Chinese Academy of Science nutzt die hohe Präzision und Flexibilität von AFM bei der Manipulation im Nanomaßstab, um Graphen an einer bestimmten Position zu oxidieren, indem eine Vorspannung auf die AFM-Nadel-Spitze angelegt wird. Es werden periodische Defekte eingeführt und die antipunktförmige Netzwerkstruktur von Graphen bearbeitet. Nachdem in der Probe Defekte eingebracht wurden, werden die Defekte durch anisotrope Wasserstoffplasma-Ätztechnologie verstärkt, um Graphen-Nanostrukturen mit inversem Punktnetzwerk mit hexagonalen Lochanordnungen [16–18] zu

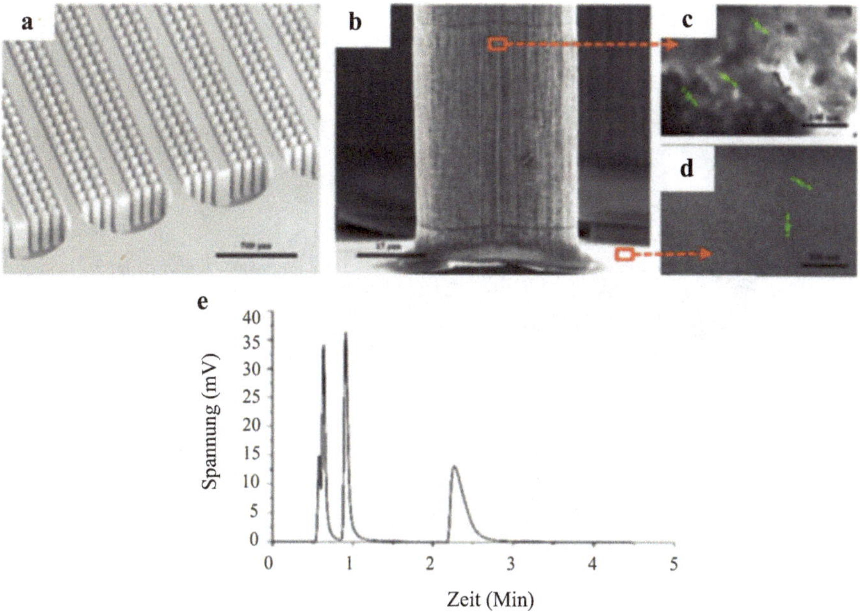

Abb. 5.6 (**a**) Siliziummikrosäulen-Mikrochromatographiesäule; (**b**) Eine Mikrosäule in einer Siliziummikrochromatographiesäule; (**c**) Mesoporöses Silizium auf dieser Oberfläche der Mikrosäule; (d) Mesoporöses Silizium am Boden des Kanals; (**e**) Trenneffekt von C1-C4 auf Siliziummikrosäule

bilden. Da das Ätzen von Graphen durch Wasserstoffplasma nur an den Defekten und Kanten von Graphen auftritt, vergrößert es nur die Löcher, die durch die AFM-Spitze erhalten wurden, und verursacht keine neuen Defekte oder Löcher. Gleichzeitig führt die Anisotropie des Ätzens dazu, dass die endgültige Nanostruktur eine poröses Supergitter-Graphen-Nanostruktur mit einer Zickzackkante ist. Die Periode der porösen Supergitter-Graphen-Nanostrukturen und die Breite der Nanobänder sind steuerbar. Durch Steuerung der Ätzzeit können Nanobänder mit einer vorgegebenen Breite erhalten werden, um ein Nanoporenmuster mit einer Periode von weniger als 200 nm zu realisieren, wie in Abb. 5.7 gezeigt. Die Bearbeitungsmethode der AFM-Spitze ist einfach, führt keine zusätzliche Verschmutzung ein und da es im gesamten Bearbeitungsprozess nur einen Schritt der Klebstoffbelichtung gibt, wird die Oberflächenverschmutzung bei der Herstellung reduziert. Die Verarbeitungstechnologie mit Hilfsspitzenanordnung kann für die Geräteintegration verwendet werden und ist hilfreich für die Massenproduktion von nanostrukturierten Graphengeräten.

Das Team hat das anisotrope Ätzen von Wasserstoffplasma und die Top-down-Bearbeitungsmethode auf Siliziumoxidsubstrat erforscht und verschiedene Graphen-Nanostrukturen mit Doppelschichten und darüber liegenden Schichten mit atomarem Zickzackrand und flacher Ebene erhalten. Darüber hinaus wurde das anisotrope Ätzen von einlagigem Graphen untersucht. Eine einla-

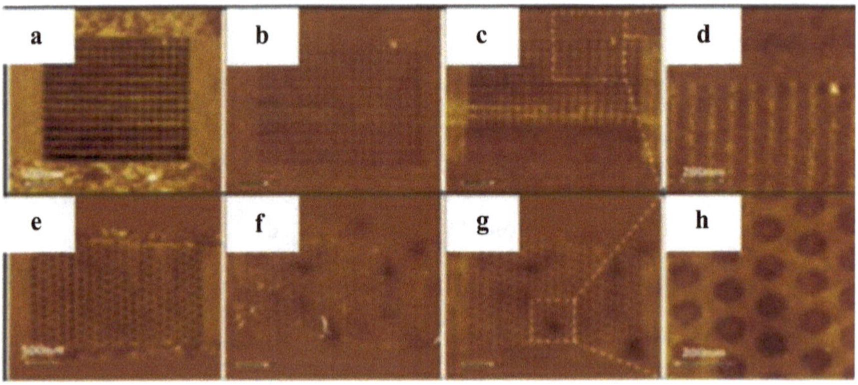

Abb. 5.7 AFM-Bild eines Antipunkt-Netzwerks aus Graphen. (**a**)–(**c**) Antipunkt-Netzwerkstruktur eines quadratischen Gitters mit einer Periode von 100 nm; (**e**)–(**h**) AFM-Bild der Antipunkt-Netzwerkstruktur eines hexagonalen Gitters mit einer Periode von 200 nm; (**a**), (**e**) Ein Bild nach Abschluss der Oxidation im Kontaktmodus; (**b**), (f) Bild im Tap-Modus; (**c**), (**g**) Ein Bild nach dem Ätzen mit Wasserstoffplasma; (**d**), (**h**) Vergrößerung des gestrichelten Kastens von (c) bzw. (g)

gige Graphen-Nanostruktur mit atomarem Zickzackrand und flacher Ebene wurde auf hexagonalem Bor-Nitrid erhalten, und die kontrollierte Bearbeitung von Graphen-Nanobändern mit extrem kleinen Größen unter 5 nm wurde realisiert, wie in Abb. 5.8 gezeigt [19–21]. Darüber hinaus wurde durch Anwendung verschiedener Gate-Spannungen *in situ* der Ätzmechanismus von Wasserstoffplasma untersucht, und es wurde bestätigt, dass Wasserstoffplasma wichtig ist und aktive Wasserstoffatome eine unterstützende Rolle beim anisotropen Ätzen spielen. Es wurde auch festgestellt, dass aufgrund der unterschiedlichen Ätzraten bei positivem und negativem Gate-Druck feine Graphen-Nanostrukturen effizient in Chargen verarbeitet werden können, indem der Gate-Druck eingestellt wird. Dieses anisotrope Ätzen von Graphen auf der Basis von Wasserstoffplasma bietet einen neuen Weg zur Manipulation von Graphen.

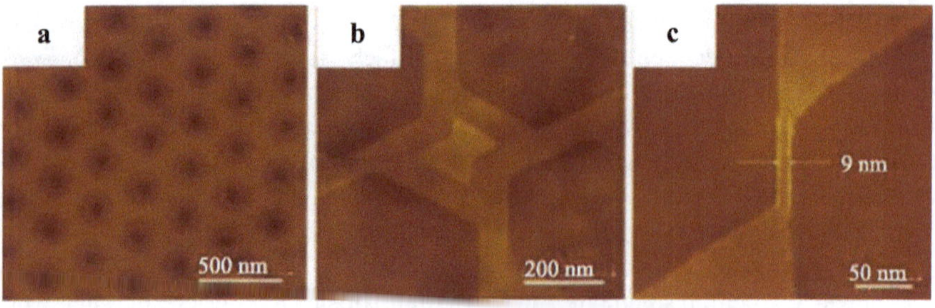

Abb. 5.8 Kontrollierte Bearbeitung von Graphen-Nanostrukturen auf hexagonalen Bor-Nitrid-Substraten (**a**) Bilder auf einer Skala von 500 nm; (**b**) Bild auf einer Skala von 200 nm; (**c**) Bild auf einer Skala von 50 nm

5.5 Wichtige technische Anwendungen des Cross-Scale-Manufacturing

Das Nanofertigungsteam der Beijing University hat eine innovative dreidimensionale Eis-Mikrodrucktechnologie vorgeschlagen, die Cross-Scale-Manufacturing und Integration von Mikrofluidik, biochemische Reaktanden, Nanomaterialien und MEMS-Bauteilen durch Nutzung der Vorteile von niedrigen Temperaturen, guter Kompatibilität mit Biomaterialien, einfacher Bildung von dreidimensionalen Strukturen und ohne Verschmutzung realisieren kann [22–24]. Die dreidimensionale Eis-Mikrodrucktechnologie nutzt den Phasenübergangsprozess von Wasser zu Eis, da flüssiges Wasser eine gute Fluidität hat und sehr kleine Tröpfchen bilden kann, während festes Eis eine gute Festigkeit besitzt. Dieser Prozess der Bildung einer dreidimensionalen Eis-Mikrostruktur durch den Phasenübergang von winzigen Wassertropfen ist ein typischer Top-down-Prozess, der auch die gemeinsamen Vorteile und Eigenschaften der Bottom-up-Methode hat. Auf der Grundlage dieser Technologie wurde ein Gerät zur biochemischen Erkennung von Mikrokapseln entwickelt, und eine Reihe von Mikrokapsel-Detektionsgeräten wurden erfolgreich hergestellt und getestet: ein vorgekapselter Mikrokapsel-Array-Chip zur Detektion von Nitrit und Glukose, ein vorgekapselter Chip zur Detektion von *Salmonella*-Pathogen-DNA basierend auf LAMP-Amplifikation bei konstanter Temperatur, ein Chip zur Erkennung zweiwertiger Kupferionen, der auf der quantitativen Erkennung funktioneller Nukleinsäuren mit hoher Spezifität/Empfindlichkeit basiert, und ein gebrauchsfertiger Chip zur Erkennung von Wassermetallionen, der in der Lage ist, gleichzeitig Wasserstoffionen, Bleiionen, sechswertige Chromionen, Fluorionen, Nitritionen, Nickelionen, Kupferionen, Eisenionen und dergleichen zu detektieren. Das Forschungsteam hat die Vielfalt der vorverkapselten Substanzen weiter verbessert, den Mikroverkapselungsprozess verbessert und den Schutzprozess der Reaktionslösung entwickelt. Der Testergebnisse zeigen, dass das Gerät die Vorteile von Tragbarkeit, einfacher Bedienung, Umweltschutz und Eignung für die großflächige kostengünstige Herstellung hat, wie in Abb. 5.9 gezeigt.

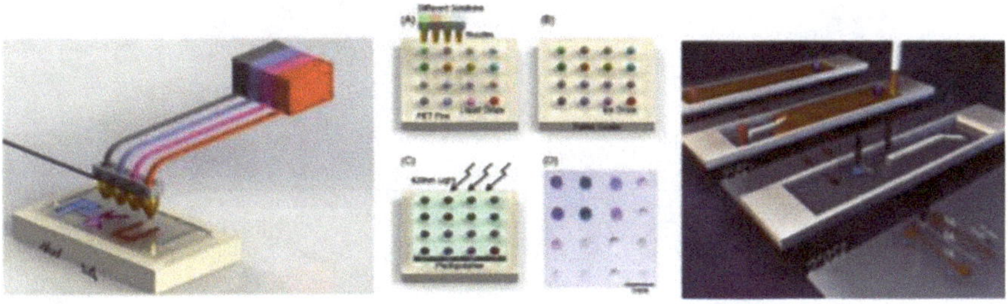

Abb. 5.9 Dreidimensionale Eis-Mikrodrucktechnologie und biochemische Mikrokapsel-Detektionsanordnung zur Überwachung der Lebensmittelsicherheit

Mit dem Ziel der Anwendung in der Lebensmittelsicherheitskontrolle und öffentlichen Sicherheit gegen Terrorismus hat das Forschungsteam des Shanghai Institute of Microsystems and Information Technology, Chinese Academy of Science einen biochemischen Nanosensor mit einer biochemischen Nachweisempfindlichkeit von 10 am entwickelt, indem es ein Mikronano-Cross-Scale-Manufacturing und selbstassemblierte Nanomaterialien verwendet hat, um eine labelfreie schnelle und empfindliche Erkennung von miRNA, Protein, Antigen und Antikörper zu realisieren. Der entwickelte Sensor zur Erkennung von Pestizidrückstand und das schnelle Erkennungsbauteil basierend auf resonantem Cantilever haben den Feldtest im Changsha Food Safety Detection Center of Hunan Province bestanden und wurden verbreitet, angewendet und gut von den Benutzern aufgenommen, wie in Abb. 5.10 gezeigt.

Der Sensor zur Erkennung von Pestizidrückständen und das Schnellerkennungsgerät auf Basis eines Mikronano-Verbundresonanz-Cantilevers haben auch die Anwendungsprüfung der Lebensmittel- und Arzneimittelkontrollbehörden bestanden. Die TNT-Erkennung hat das ppt-Niveau erreicht und wurde zur Erkennung von gefährlichen Chemikalien in der Shanghaier U-Bahn und am Flughafen genutzt; unter Verwendung der Bauweise von Nanomaterial-Mikroregionen wurden mikronanokomposite mikrochromatographische Mikrosäulen hergestellt, es wurde zur festen Produktentwicklung des tragbaren meteorologischen Chromatographen vor Ort von Shanghai Yidian Group Analytical Instrument Co., Ltd., einem führenden Unternehmen in China, die Erkennungsauflösung des traditionellen Gaschromatographen von Shanghai Yidian Group wurde von 100 ppm auf das Niveau von ppm verbessert, und die Hauptleistungsindikatoren haben das Niveau von einem vergleichbaren Produkt von Agilent (GC-490) erreicht, wie in Abb. 5.11 gezeigt.

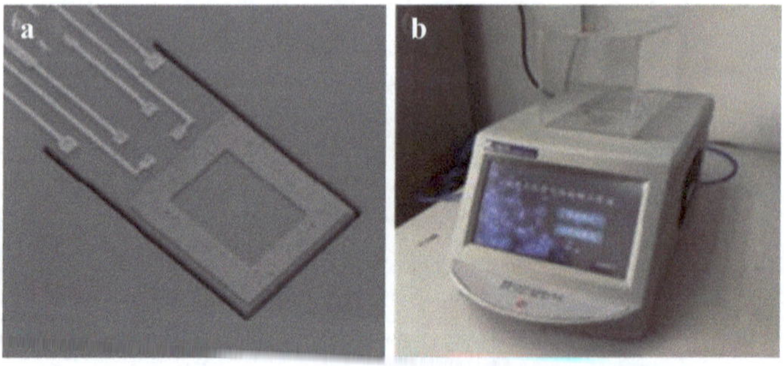

Abb. 5.10 (**a**) Präparierter Mikrocantilever; (**b**) Tragbare chemische Gasdetektionsarbeitsstationen zur Erkennung von Acephat

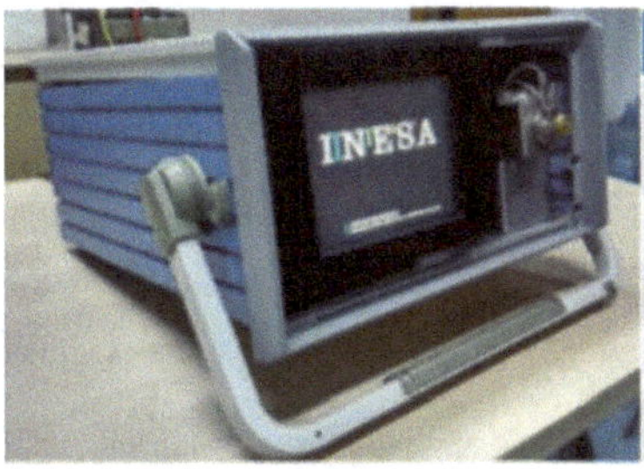

	Agilent	µGC-60
Volumen	28 cm×15 cm×55 cm	16 cm×13 cm×45 cm
Gewicht	$\approx$ 5.2 kg	$\leq$ 4 kg
Stromverbrauch	130 W	120 W
Nachweisgrenze	10 ppm	5-20 ppm
Preis	400,000 RMB	150,000 RMB (erwartet)

Abb. 5.11 Vergleich der Leistung zwischen einem Mikrogaschromatographen, der über die integrierte Mikronano-Chromatographiesäule konstruiert wurde, und Agilent-Produkten

Literatur

1. Gao A, Lu N, Dai PF et al (2014) Direct ultrasensitive electrical detection of prostate cancer biomarkers with CMOS-compatible n-and p-type silicon nanowire sensor arrays. Nanoscale 6:13036
2. Liu Z, Cui A, Gong Z et al (2016) Spatially oriented plasmonic nanograter structures. Sci Rep 6:28764
3. Liu Z, Liu Z, Li J et al (2016) 3D conductive coupling for efficient generation of prominent Fano resonances in metamaterials. Sci Rep 6:27817
4. Liu Z, Li J, Liu Z et al (2017) Fano resonance rabi splitting of surface plasmons. Sci Rep 7(1):8010
5. Liu Z, Du S, Cui A et al (2017) High-quality-factor mid-infrared toroidal excitation in folded 3D metamaterials. Adv Mater 29(17):1606298
6. Liu Z, Cui A, Li J et al (2019) Folding 2D structures into 3D configurations at the micro/nanoscale: principles, techniques, and applications. Adv Mater 31:1802211
7. Cui A, Liu Z, Li J et al (2015) Directly patterned substrate-free plasmonic "nanograter" structures with unusual Fano resonances. Light Sci Appl 4(7):e308
8. Yang S, Liu Z, Jin L et al (2017) Surface plasmon polariton mediated multiple toroidal resonances in 3D folding metamaterials. ACS Photonics 4(11):2650–2658
9. Yang S, Liu Z, Hu S et al (2019) Spin-selective transmission in chiral folded metasurfaces. Nano Lett 19:3432–3439
10. Chen C, Xu P, Li X (2014) Regioselective patterning of multiple sams and applications in surface-guided smart microfluidics. ACS Appl Mater Interfaces 6:21961–21969
11. Chen C, Xu P, Li X (2015) Plasma tuning effect on silanol-density of silicon substrate for optimal vapor-phase growth of self-assembled monolayers. J Nanosci Nanotechnol 16(9):9651–9659
12. Chen C, Chen Y, Xu P et al (2015) Silicon micro-cantilever chemical sensors fabricated in double-layer silicon-on-insulator (SOI) wafer. Microsyst Technol 22(8):1959–1965
13. Xu P, Chen C, Li X (2015) Mesoporous-silica nanofluidic channels for quick enrichment/extraction of trace pesticide molecules. Sci Rep 5:17171
14. Hou L, Feng F, You W et al (2018) Pore size effect of mesoporous silica stationary phase on the separation performance of microfabricated gas chromatography columns. J Chromatogr A 1552:73–78
15. Luo F, Zhao B, Feng F et al (2018) Improved separation of micro gas chromatographic column using mesoporous silica as a stationary phase support. Talanta 188:546–551
16. Shi Z, Yang R, Zhang L et al (2011) Patterning graphene with zigzag edges by self-aligned anisotropic etching. Adv Mater 23(27):3061–3065

17. Yang R, Shi Z, Zhang L et al (2011) Observation of Raman G-peak split for graphene nanoribbons with hydrogen-terminated zigzag edges. Nano Lett 11(10):4083–4088
18. Xie G, Shi Z, Yang R et al (2012) Graphene edge lithography. Nano Lett 12(9):4642–4646
19. Wang G, Wu S, Zhang T et al (2016) Patterning monolayer graphene with zigzag edges on hexagonal boron nitride by anisotropic etching. Appl Phys Lett 109(5):053101
20. Yang W, Chen G, Shi Z et al (2013) Epitaxial growth of single-domain graphene on hexagonal boron nitride. Nat Mater 12(9):792
21. Wang D, Chen G, Li C et al (2016) Thermally induced graphene rotation on hexagonal boron nitride. Phys Rev Lett 116(12):126101
22. Lu X, Yang W, Wang S et al (2016) Graphene nanoribbons epitaxy on boron nitride. Appl Phys Lett 108(11):113103
23. Zhang H, Li H, Wu M et al (2014) 3D ice printing as a fabrication technology of micro-fluidics with pre-sealed reagents. MEMS 2014:52–55
24. He E, Cao T, Cai L et al (2018) A disposable microcapsule array chip fabricated by ice printing combined with isothermal amplification for Salmonella DNA detection. RSC Adv 8(69):39561–39566

Kapitel 6
Neue Methoden der Laser-Mikro-Nanofertigung

Bingheng Lu, Jianbin Luo, Zhongqun Tian, Dongming Guo, Han Ding, Changzhi Gu, Zhihong Li und Ming Liu

Die Laserfertigung ist eine Herstellungsmethode, die die Wechselwirkung zwischen Laser und Materie nutzt, um sie Erhitzung, Schmelzen, Verdampfung, Verdunstung, Sublimation, Coulomb-Explosion, elektrostatisches Abstreifen und andere Prozesse durchlaufen zu lassen, wodurch die Formgebung und Formung von Teilen/Komponenten realisiert wird. Die Laserfertigungsindustrie hat sich in den letzten zehn Jahren rasant entwickelt, insbesondere mit der Entwicklung von Luftfahrt, Raumfahrt, High-End-Chips, neuer Energie, Verkehr und anderen Bereichen in China, die Nachfrage nach Laserfertigung von Hochleistungskomponenten wird immer dringender. Die ultraschnelle Laser-Mikronanofertigung ist

B. Lu (✉)
Xi'an Jiaotong Universität, Xi'an, Shaanxi, China
E-Mail: bhlu@mail.xjtu.edu.cn

J. Luo
Tsinghua Universität, Peking, China

Z. Tian
Xiamen Universität, Xiamen, Fujian, China

D. Guo
Dalian University of Technology, Dalian, Liaoning, China

H. Ding
Huazhong Universität für Wissenschaft und Technologie, Wuhan, Hubei, China

C. Gu
Institut für Physik, Chinesische Akademie der Wissenschaften, Peking, China

Z. Li
Tianjin Universität, Tianjin, China

M. Liu
Schule für Mikroelektronik, Universität für Wissenschaft und Technologie von China, Hefei, Anhui, China

B. Lu, *Grundlegende Forschung über die Herstellung von Nanopartikeln*,
https://doi.org/10.1007/978-3-662-69235-6_6

eine der Pionierleistungen der Laserfertigung mit den Eigenschaften ultraschnell (<100 fs), super stark (>10^{14} W/cm^2), sie hat einzigartige Vorteile in der Herstellung von schwer zu bearbeitenden Materialien und dreidimensionalen komplexen gekrümmten Mikronanooberflächenstrukturen.

Mit der kontinuierlichen Entwicklung der ultraschnellen Lasertechnologie wird erwartet, dass sie zu einem der wichtigsten Mittel der High-End-Fertigung in der Zukunft wird, die wichtige Fertigungsunterstützung für die Entwicklung von neuer Energie, Raumfahrt, Landesverteidigung und anderen Bereichen bieten kann und eine wichtige strategische Bedeutung für die Weiterentwicklung Chinas hat. Die ultraschnelle Lasertechnologie steht vor den folgenden gemeinsamen Herausforderungen bei der Herstellung von Kernkomponenten in den oben genannten Bereichen: Die zu bearbeitenden Materialien sind vielfältig und schwer zu bearbeiten, die Bearbeitungsoberfläche ist eine dreidimensionale komplexe gekrümmte Oberfläche, die Größenbegrenzung wird kontinuierlich auf neue Extreme gedrängt, und die Qualitätsanforderungen werden kontinuierlich auf neue Extreme gedrängt. Diese Herausforderungen stellen neue Anforderungen an die ultraschnelle Laserfertigung. Es ist notwendig, die Energieabsorption, -übertragung und den entsprechenden Phasenübergangsmechanismus in der ultraschnellen Laserbearbeitung auf der elektronischen Ebene zu verstehen, zu beobachten und zu steuern und das Änderungsgesetz und den Steuerungsmechanismus der nanoskaligen elektronischen dynamischen Eigenschaften in der Wechselwirkung zwischen nichtlinearem und nicht im Gleichgewicht befindlichem ultraschnellem Laser und Materialien zu erforschen.

6.1 Neues Prinzip und Verfahren zur ultraschnellen Laser-Raum-Zeit-Formgebung bei der Mikronanobearbeitung

Im Prozess der ultraschnellen Laserfertigung wird die Absorption von Laserenergie durch Materialien hauptsächlich von Elektronen als Trägern abgeschlossen. Die Pulsdauer des ultraschnellen Lasers beträgt ein Tausendstel bis ein Hundertstel der Wärmeleitzeit (10^{-12}–10^{-10} s) zwischen Elektron und Gitter. Daher kann während der Femtosekundenpulsbestrahlung die Gitterbewegung ignoriert werden und nur die Änderung des elektronischen Zustands unter dem ultrakurzen Lichtfeld muss berücksichtigt werden. Obwohl die Bestrahlungszeit des Femtosekundenlaserpulses auf Materialien sehr kurz ist (Femtosekunden-Größenordnung), werden alle nachfolgenden Bearbeitungsprozesse (Sekunden-Größenordnung) durch die Wechselwirkung zwischen Femtosekundenlaser und Elektronen bestimmt, sodass der lokale momentane elektronische Zustand reguliert werden muss [1]. In der Vergangenheit waren die Beobachtung und Regulierung der grundlegenden Fertigungsforschung auf atomare, molekulare und darüber hinausgehende Ebenen beschränkt. Das zentrale wissenschaftliche Problem ist, ob lokale momentane elektronische Dynamiken gesteuert werden können. Die rasche Entwicklung der Ultrakurzpulslasertechnologie bietet die Möglichkeit, dieses wissenschaftliche

Problem zu lösen. In den letzten zwei Jahrzehnten hat die Ultrakurzpulslasertechnologie drei Nobelpreise gewonnen und insgesamt fünf Nobelpreisträger hervorgebracht. Zum Beispiel hat Professor Ahmed H. Zewail, Gewinner des Nobelpreises für Chemie im Jahr 1999, mit dem Femtosekundenlaser als Werkzeug die weltweit schnellste Kamera hergestellt und hat den Prozess der Elektronenrelaxationsänderungen in chemischen Reaktionen beobachtet. Es wird erwartet, dass Durchbrüche in neuen Prinzipien/Methoden der Fertigung bevorstehen [2].

Inspiriert von der Arbeit von Professor Zewail schlug das Forschungsteam des Beijing Institute of Technology ein neues Prinzip der Steuerung der elektronischen dynamischen Prozesse vor [1]: Durch das Entwerfen der zeitlichen und räumlichen Verteilung des Ultrakurzpulslasers zur Anpassung des Wechselwirkungsprozesses zwischen Laser und Elektron wird die aktive Regulierung der lokalen momentanen elektronischen Dynamik (Dichte/Temperatur/angeregter Zustandsverteilung usw.) realisiert, wodurch die lokalen momentanen Eigenschaften von Materialien (Reflektivität/Brechungsindex/Leitfähigkeit usw.) gesteuert werden, was wiederum die Phasenumwandlung, die Formung und die Formungsprozesse von Materialien bestimmt und somit schließlich eine völlig neue Zielherstellungsmethode zur Verbesserung der Bearbeitungsqualität, Effizienz, Genauigkeit und Konsistenz realisiert wird, wie in Ab b. 6.1 dargestellt.

Der Wechselwirkungsmechanismus zwischen Ultrakurzpulslaser und Materialien wird mithilfe des Plasma-Quantenmodells, des verbesserten Zwei-Temperatur-Modells, des Molekulardynamik-Modells und der Ab-initio-Berechnung untersucht. Es wird vorhergesagt, dass der Elektronenanregungs-, der Ionisations- und der Rekombinationsprozess sowie die lokalen momentanen Materialeigenschaften, der Materialphasenübergangsprozess und die endgültige Formung sowie der endgültige Formungsprozess durch die Ultrakurzpulslaser-Raum-Zeit-Formung gesteuert werden können [1, 3–5]. Die Ablationsform und die Oberflächentexturstruktur des Femtosekundenlasers sowie der stabile Bearbeitungstiefenbereich mit Nanometer-Superbeugungsgrenze wurde erfolgreich vorhergesagt [6–9].

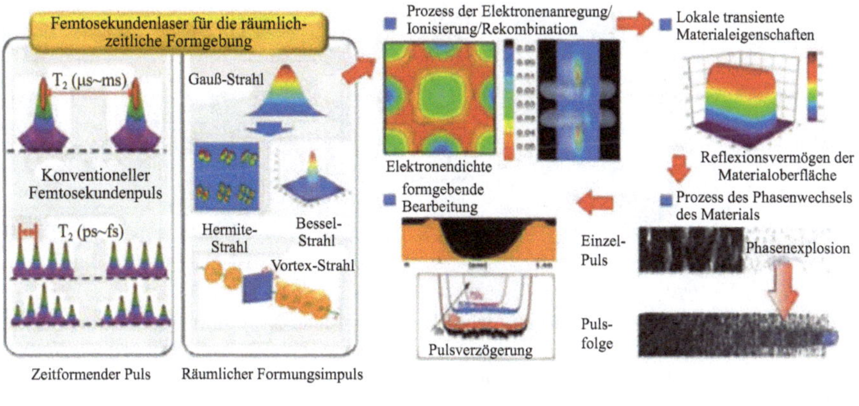

Abb. 6.1 Neues Prinzip/Verfahren der räumlich-zeitlichen Formgebung mit Femtosekundenlaser

Auf der Grundlage des neuen Prinzips der kontrollierten elektronischen dynamischen Bearbeitung wurde für die Femtosekundenlaserformung im Zeit- und Raumbereich erstmals die aktive Steuerung der lokalen momentanen Elektronendynamik in der Fertigung realisiert, wodurch die Bearbeitungsqualität, Präzision, Effizienz, das Tiefen-Durchmesser-Verhältnis und andere Grenzfertigungsfähigkeiten erheblich verbessert wurden [1, 10, 11]: Es wird vorgeschlagen, die Femtosekundenpulssequenz zur Steuerung der freien Elektronendichte und der Photonabsorptionseffizienz zu verwenden, den Modifikationsgrad der Materialstruktur zu steuern und die Ätzungseffizienz um das 37-Fache zu erhöhen, wie in Abb. 6.2a dargestellt; weiterhin wird eine neue Verarbeitungsmethode für die räumliche Formgebung zur Steuerung der lokalen momentanen Elektronendynamik vorgeschlagen. Die verarbeiteten Nanodrähte haben eine gute Stabilität, sind leicht zu strukturieren, und die Linienbreite kann 1/14 der Wellenlänge erreichen, wie in Abb. 6.2b dargestellt; durch Zeit- und Raumformung, Optimierung und Anpassung der ionisierten Elektronendichteverteilung wird das Limit des Tiefen-Durchmesser-Verhältnisses der Mikrolochbearbeitung um das 100-Fache erhöht (1000:1, 1,5 µm), und die Effizienz wird um das 56-Fache erhöht, wie in Abb. 6.2c dargestellt; auf der Grundlage der neuen laserbasierten Mikronano-Bearbeitungsmethode,

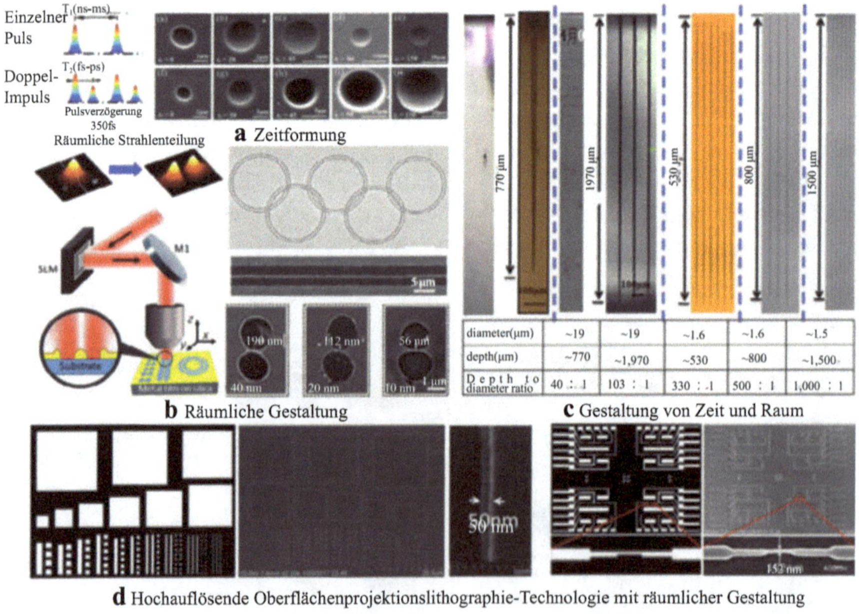

Abb. 6.2 Eine neue Methode der ultraschnellen Laser-Raum-Zeit-Formung bei der Mikronanobearbeitung (**a** Zeitformung zur Verbesserung der Ätzleistung; **b** Raumformung zur Verbesserung der Bearbeitungsgenauigkeit; **c** Raum-Zeit-Formung zur Verbesserung des Tiefen-Durchmesser-Verhältnisses von Mikroporen; **d** Großflächiger, hochpräziser, skalenübergreifender Mikrobearbeitungsprozess)

kombiniert mit DMD-Technologie, wird eine großflächige, hochpräzise, skalenübergreifende Mikronanofertigung realisiert, und die Linienbreitenauflösung beträgt 50 nm, und die Linienbreite wird realisiert durch einen Bereich von 152–140 mm, wie in Abb. 6.2d dargestellt.

Die neue Methode der kontrollierten elektronischen dynamischen Ultrakurzpulslaserbearbeitung hat umfangreiche internationale Aufmerksamkeit erregt, und die damit verbundene Forschungsarbeit wurde von mehr als 70 Akademikern/Wissenschaftlern (einschließlich Nobelpreisträgern) aus verschiedenen Ländern in *Science*, *Nature* und anderen Zeitschriften sehr positiv bewertet. Zum Beispiel zitierte OSA/SPIE Fellow und Professor P. Herman von der University of Toronto, Kanada, die neue Fertigungsmethode an sechs Stellen in seinem speziell erstellten Übersichtsartikel und listete die vorgeschlagene neue Fertigungsmethode als „die besten berichteten Femtosekunden-Laserergebnisse (eines der besten dokumentierten Femtosekunden-Laserergebnisse)“. Professor Koji Sugioka vom OSA/SPIE Institute of Physical Chemistry, Japan, bewertete die neue Methode in der Nanophotonik sehr positiv und sagte, dass die neue Methode erfolgreich 3D-Mikronanostrukturen bearbeitet hat, die zuvor „unzugänglich“ waren. *Laser Focus World* veröffentlichte das Thema „Shaping Femtosecond Laser to Change Electronic Dynamics and Improve Ultrafast Laser Processing Quality“, um diese neue Methode zu kommentieren: „Es wurden atemberaubende Ergebnisse erzielt.“ Das Forschungsteam wurde eingeladen, in eine 26-seitige Sonderthemenrezension mit dem Titel „New Electronic Dynamic Control Micro-nano Processing Method for Femtosecond Laser Space-time Shaping: Theory, Method, Observation and Application“ von *Light: Sci & Appl (Nature)* aufgenommen zu werden, die den wichtigsten wissenschaftlichen Forschungsfortschritt der neuen Methode in den letzten zehn Jahren zusammenfasst, und auf der Titelseite der Zeitschriften-Website wurden sie als einziger Höhepunkt für mehr als einen Monat präsentiert. Die Nachrichtenplattform der American Association for the Advancement of Science und ihre Zeitschrift *Science* titelten: „Femtosecond Laser Manufacturing: Realizing Dynamic Control of Electrons“. Sie machten einen Sonderbericht über die neue Methode und sagte, dass die neue Methode „einen revolutionären Beitrag zur High-End-Fertigung, Materialbearbeitung und chemischen Reaktionssteuerung bringen kann“, was von mehr als zehn internationalen Mainstream-Wissenschafts- und Technologiemedien wie Phys.org nachgedruckt wurde.

6.2 Beobachtung eines ultraschnellen Laser-Mikronanofertigungsprozesses über mehrere Zeitskalen

Ultraschnelle Laserbearbeitung ist ein nicht gleichgewichtsbezogener, nichtlinearer und ultraschneller Prozess, der viele physikalische und chemische Prozesse umfasst, wie Laserpropagation und Materialionisation, Materialphasenübergang,

Plasmaausbruch und Strahlung, Schockwellenbildung und Ausbreitung und Mikrostrukturbildung [12]. Die charakteristische Zeit der oben genannten physikalischen und chemischen Prozesse reicht von Femtosekunden bis zu Millisekunden oder sogar Sekunden, aber sie beeinflussen sich gegenseitig. Basierend darauf hat die Forschungsgruppe des Beijing Institute of Technology ein Echtzeit-Beobachtungssystem über die Multi-Zeit-Skala von Femtosekunden über Pikosekunden und Nanosekunden bis Millisekunden (Abb. 6.3) vorgeschlagen und etabliert, das zwölf Zeitgrößenordnungen, Femtosekunden-Laserpumpen-Detektion, laserinduzierte Breakdown-Spektroskopie, zeitaufgelöste Plasmabildgebung, industrielle kontinuierliche Bildgebung und andere Technologien [13] umfasst, die umfassend genutzt werden, um den Prozess der Laserbearbeitung von Mikrolöchern mit hohem Aspektverhältnis in Echtzeit durch eine CCD-Kamera auf der zweiten Zeitskala zu erfassen; auf der Nanosekundenskala wurde der Ausbruch des Plasmas durch ein Femtosekunden-Laserdoppelpuls induziertes Breakdown-Spektroskopiesystem auf der Pikosekundenzeitskala beobachtet, die Erzeugung und Evolution von laserinduziertem Plasma oder Schockwellen wurden durch ein Pump-Probe-Mikroskopiesystem auf der Femtosekundenzeitskala beobachtet, der dynamische Ausbreitungsprozess des Femtosekunden-Laserpulses und der

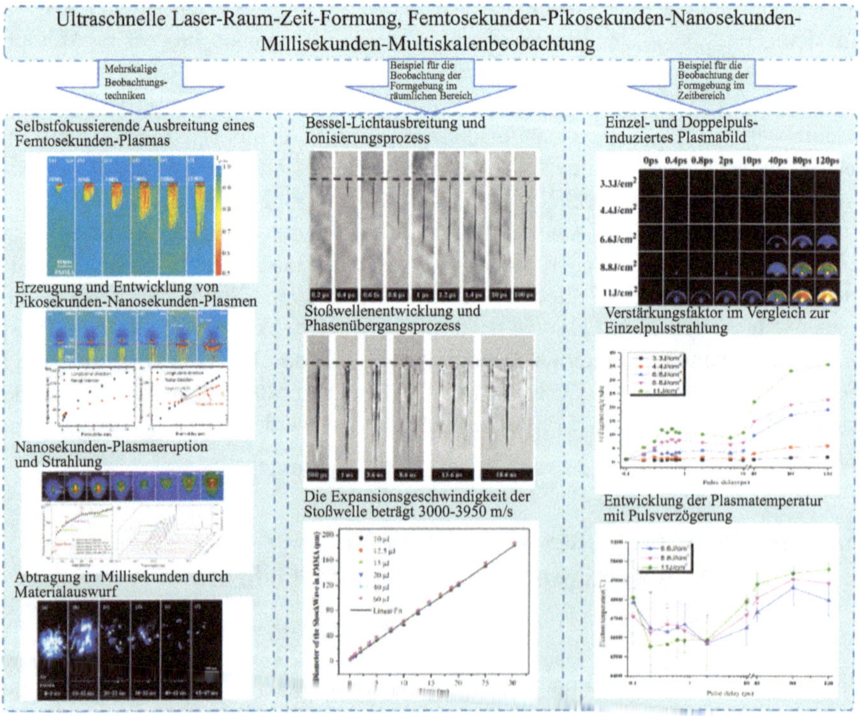

Abb. 6.3 Echtzeitbeobachtung des ultraschnellen räumlich-zeitlichen Laserformungsprozesses im Femtosekunden-Pikosekunden-Nanosekunden-Millisekunden-Multizeitmaßstab

Ionisationsprozess der Materialien wurden beobachtet. Mit einem Multiskalen-Beobachtungssystem wurde der Steuerungsmechanismus der räumlich-zeitlichen Formgebung durch Femtosekundenlaser auf Elektronenheizung, Ionisation und Rekombination in der Fertigung und deren Einfluss auf die Mikrostrukturformung und -bildung aufgedeckt. Zum ersten Mal wurde eine Panoramabeobachtung (von konstanter Geschwindigkeit bis 3,5 Bill. Mal langsamer) des Massen- und Energieübertragungsprozesses mit Elektronen als dem Hauptenergieträger im Fertigungsprozess realisiert, was Beobachtungsbeweise für neue Fertigungstechnologien liefer t und die Entwicklung von ultraschneller Technologie fördert.

6.3 Wichtige technische Anwendungen der Laser-Mikronanofertigung

Basierend auf der neuen Methode der kontrollierten elektronischen dynamischen Bearbeitung realisiert die Laser-Mikronanofertigung erstmals die aktive Steuerung der lokalen momentanen elektronischen Dynamik in der Fertigung, wodurch die Bearbeitungsqualität, Präzision, Effizienz, das Verhältnis von Tiefe zu Durchmesser und andere extreme Fertigungsfähigkeiten erheblich verbessert werden. Die Anwendung dieser neuen Methode hat erfolgreich die technischen Probleme vieler wichtiger Projekte gelöst und eine starke Unterstützung für die großen strategischen Bedürfnisse des Landes bereitgestellt.

6.3.1 Bearbeitung und Prüfung von Mikrolöchern im Target-Ball

Als gängige Struktur werden Mikroporen in verschiedenen Bereichen weit verbreitet eingesetzt. Mit dem Anstieg der Anforderungen der großen nationalen strategischen Bedürfnisse steigen jedoch das Verhältnis von Tiefe zu Durchmesser, die Öffnung, die Komplexität der Form und die Qualitätsanforderungen von Mikroporen ständig auf neue Extreme.

Das Mikronanofertigungsteam des Beijing Institute of Technology verwendet eine neue Methode der ultraschnellen Laser-Raumzeit-Formung der Mikronanobearbeitung, um die technischen Herausforderungen der Mikrolochbearbeitung in der Kernstruktur eines großen nationalen Projekts zu bewältigen (wie großes Verhältnis von Tiefe zu Durchmesser, Minimierung von Neuschichtungen/Spritzern, hohe Anforderungen an die Lochqualität; Rückstände in der Kavität sind minimiert; Verbesserung der Bearbeitungseffizienz), die räumliche Verteilung des ultraschnellen Laserlichtfeldes wird durch räumliche Formung geändert, die momentane lokale Elektronendichteverteilung und ihr Phasenübergangsprozess werden gesteuert, der Plasmaausbruchsprozess wird optimiert und eingestellt. Der

Durchbruchsprozess hat das große Verhältnis von Tiefe zu Durchmesser überstanden (1000:1, Durchmesser 1,5 μm), hohe Konsistenz (250.000 Löcher/cm^2), hohe Qualität (keine Mikrorisse/Neuschichtung) und hohe Effizienz (100 Löcher in einem einzigen Strahl/Sekunde), Minimierung von Rückständen, überwindet andere Probleme bei der Herstellung von Mikroporen (Abb. 6.4) und wurde als einzige Bearbeitungstechnologie für die Mikroporen der nationalen Großprojekte [14] ausgewählt.

Als Reaktion auf den Test des Innen- und Außendurchmessers und der Dicke des Target-Balls in der großen nationalen Ingenieurwissenschaft hat das Forschungsteam des Beijing Institute of Technology eine Laser-Radialpolarisationsdifferenz-Konfokal-Longitudinalfeld-Tomografie-Erkennungsmethode [15, 16] (Abb. 6.5) vorgeschlagen, die die Differenzbewegungskonfokaltechnologie verwendet, um die axiale Auflösung der konfokalen Bildgebungserkennungstechnologie zu verbessern; mit radial polarisierter enger Fokustechnologie und Pupillenfiltertechnologie, um den Fokuspunkt erheblich zu komprimieren; Verbesserung der lateralen Auflösung des konfokalen Bildgebungserkennungssystems. Die Bildwiederverwendung verbessert die laterale Auflösung und dann die räumliche Auflösung des Systems. Diese Methode, kombiniert mit der Bildkantenbearbeitungstechnologie, kann eine axiale Auflösung von 2 nm und eine laterale Auflösung von 80 nm erreichen und für nanometergenaue metrologische Tests und Kalibrierungen von großflächigen und großen konvex-konkaven Standardproben verwendet werden.

6.3.2 Herstellung neuer faseroptischer Sensoren

Das Forschungsteam des Beijing Institute of Technology hat sich auf die Herstellungsprobleme von 3D-Mikronanostrukturen von faseroptischen Bauteilen

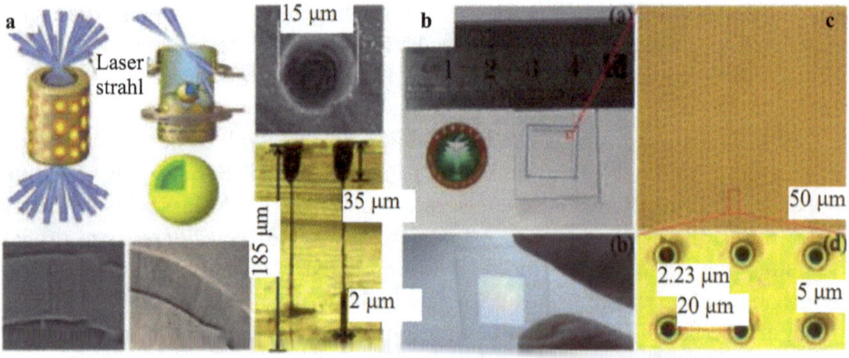

Abb. 6.4 Target-Ball-Mikrolochbearbeitung für ein großes nationales Projekt (**a** Target-Ball-Mikrolochbearbeitung; **b** Einpulsige ultraschnelle Laser-Besselstrahl-Flugbohrmethode zur Erzielung einer hocheffizienten, hochwertigen und hochkonsistenten Mikroloch-Array-Fertigung)

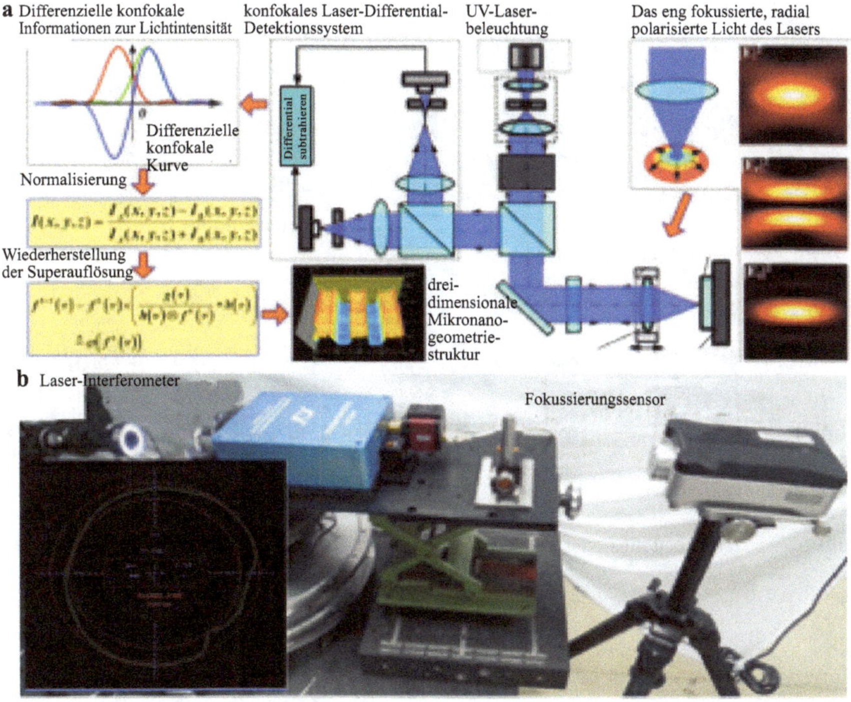

Abb. 6.5 Prinzip und Gerät der Laser-Radialpolarisationsdifferenz-Konfokal-Longitudinal-feld-Tomografie-Erkennungsmethode

konzentriert und eine neue Methode der Femtosekunden-Laserfertigung zur Bearbeitung der erfundenen Serie von Temperatur-, Druck-, Vibrations- und Konzentrationssensoren auf optischen Fasern wie reinem Quarz mit hoher Qualität und hoher Präzision anvisiert. Sensoren [17–19] (Abb. 6.6) sowie Signal-Demodulatoren und Messgeräte lösen die gemeinsamen Engpassherausforderungen, die die Entwicklung der Spitzentechnologie-Verteidigungsausrüstung meines Landes stark einschränken: Tests in kleinen Bereichen, hohe Temperatur, hoher Druck und starke elektromagnetische Umgebungen. Professor Cusano, Chefredakteur von *Opt Laser Technol*, hat kommentiert, dass die Empfindlichkeit des neuen Sensors „zurzeit Weltrekord ist" und dass er erfolgreich bei einem Hochtemperatur-Belastungstest eines Hyperschall-Flugzeugs, bei einem Drucktest eines Tarnkappen-Jagdflugzeugs, bei einer Temperaturmessung eines Raketen-Brückendrahtzünders, einer Geschützrohrtemperaturmessung sowie der Prüfung von schlüsselphysikalischen Größen von Hauptausrüstungen im Verteidigungsbereich, wie Verformung, angewendet wurde und dass er wichtige Unterstützung für die Entwicklung/Produktion von Spitzentechnologieausrüstung in unserem Land bietet.

Mit dem Fokus auf die beiden Schlüsselprobleme der Verbesserung der Fertigungsgenauigkeit und -geschwindigkeit hat das Forschungsteam der Central South

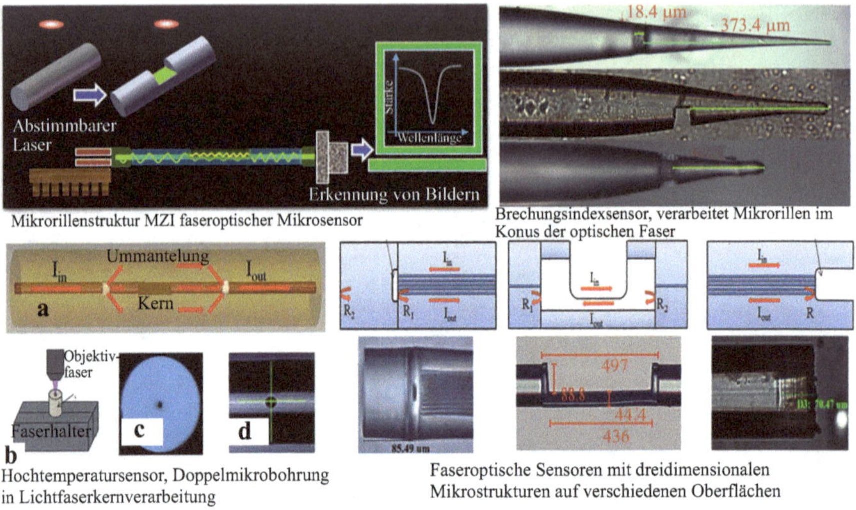

Abb. 6.6 Laserbearbeitungsreihe von dreidimensionalen Mikrostruktur-Faseroptik-Mikrosensoren

University Femtosekunden-Laserfertigungstechnologie verwendet, um eine Nanometer-Präzisionsbearbeitung von faseroptischen Mikro-/Nanobauteilen und die Herstellung neuer Bauteilstrukturen zu erreichen, um das Problem der Mikronanostrukturherstellung von faseroptischen Bauteilen zu lösen. Chinas unabhängige Herstellung von hochpräzisen, leistungsstarken faseroptischen Bauteilen bietet eine theoretische Grundlage und technische Reserven [20, 21].

Das Forschungsteam hat den Femtosekunden-Laserbearbeitungs- und Formungsmechanismus der Fasermikro-/Nanostruktur geklärt und die Analyse des Bearbeitungsmechanismus von transparenten Medienmaterialien durchgeführt. Durch das Design des Strahlsteuerungssystems und des Bearbeitungssystems, die Verwendung von Bessel zur Strahlformung, kann der Ablationsbearbeitungsradius im Zielquarzglas erreicht werden. Die einstellbare Ringstruktur und der Mikrokanal realisieren Mikrolochbearbeitung mit einem Tiefe-zu-Durchmesser-Verhältnis von etwa 500:1 und ermöglichen eine schnelle Bearbeitung von Mikrolochstruktur und Langperiodenfasergittern auf der optischen Faser. Die Mikrolochstrukturfaser hat eine hohe Brechungsrate und eine hohe Empfindlichkeit. Ein hochpräzises und schnelles Herstellungsverfahren für Fasermikronanostrukturen wird vorgeschlagen, das auf simultaner Mehrstrahlbestrahlung und nichtlinearen Effekten von Femtosekundenlasern basiert, und das Langperiodenfasergitter wird durch die Femtosekunden-Laser-Punkt-für-Punkt-Methode und die Linienabtastmethode geschrieben. Der Einfluss verschiedener Parameter (Gitterperiode, Gitterlänge, Tastverhältnis, Scanzeiten usw.) auf das Übertragungsspektrum des LPFG unter der Punkt-für-Punkt-Methode wird analysiert. Die Temperaturcharakteristiken von Langperiodenfasergittern werden theoretisch analysiert, und

Temperaturkontrollexperimente werden an den Langperiodenfasergittern durchgeführt, die durch Linien-Scan geschrieben wurden.

Die experimentellen Ergebnisse zeigen, dass es für die Wellenlängenkontrolle im niedrigen Temperaturbereich geeignet ist und eine hohe Temperatursensitivität im hohen Temperaturbereich aufweist. Ein Teil des Ergebnisses ist in Abb. 6.7 dargestellt.

6.3.3 *Optische Bauteilefertigung*

Die Herstellung optischer Bauteile ist aufgrund der schwierigen Materialbearbeitung und hohen Präzisionsanforderungen zu einem großen Problem im Fertigungsbereich geworden. Zum Beispiel ist die Antireflexschicht von Infrarotführungsfenstern eine Schlüsseltechnologie für Hochgeschwindigkeitsraketen. Die integrierte Mikronanostruktur erfordert keine Beschichtung, was nicht nur die Zuverlässigkeit gewährleistet, sondern auch effektiv die Antireflexschicht realisiert, was eine Schlüsselherstellungsbegrenzung für die Geschwindigkeitserhöhung von Hochgeschwindigkeitsraketen ist. Die Antireflexschicht von Infrarotführungsfenstern hat gemeinsame Herausforderungen: schwierig zu bearbeitende Materialien (Zinksulfid, Saphir, Diamant usw.), große Fläche (Hunderte von Quadratzentimetern), hohe Gleichmäßigkeit, dreidimensionale Oberflächen-Mikronanostruktur, schwer zu bearbeitende Fotolithografie, Prägen und Ionenätzen und andere Verfahren. Das Forschungsteam der Central South University und das Forschungsteam der Jilin University haben mithilfe des ultraschnellen Laserdirektschreibens großflächige, hochkonsistente, invertierte pyramidenförmige Mikrostrukturen und Locharrays (Periode 2 µm, Durchmesser 1 µm, Höhe 1 µm) auf der Oberfläche von Saphirmaterial bearbeitet; die Durchlässigkeit erreicht 92 bis 95 % (Abb. 6.8a). Unter einem Einfallswinkel von 0 bis 70° behält die Oberfläche eine

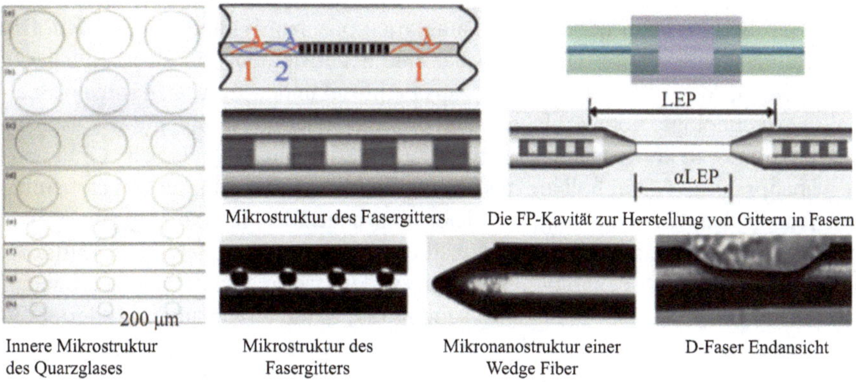

Abb. 6.7 Seitenansicht der Fünf-Ring-Mikronanostruktur und des faseroptischen Mikrolochs

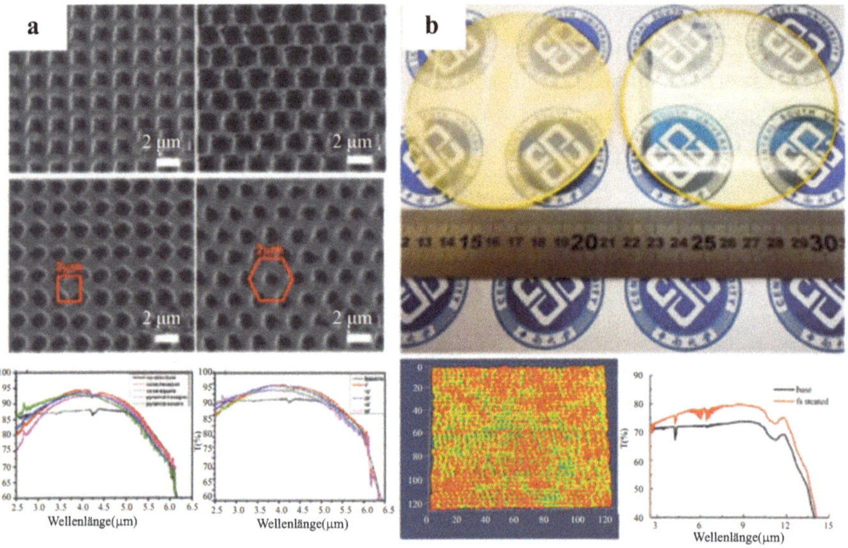

Abb. 6.8 Herstellung von Antireflexionsstrukturen für schwer zu bearbeitende Materialien (**a** Saphirmaterial; **b** Zinksulfidmaterial)

hohe Durchlässigkeit bei. Gleichzeitig wird die neue Methode der ultraschnellen Laserpulsformung mit elektronischer dynamischer Steuerung angewendet, bei der eine großflächige (Ø =100 mm) Lochanordnung mit Infrarot-Antireflexionsmikrostrukturen (Periode = 3,6 μm, Durchmesser = 3,3 μm, Tiefe = 0,8 μm) auf der Oberfläche von Zinksulfid mit einer Durchlässigkeit von über 85 % (Abb. 6.8b) [22].

Die asphärische Mikrolinse ist ebenfalls ein bedeutendes optisches Bauteil, das wichtige Anwendungen in der Luftfahrt, Raumfahrt und anderen Bereichen hat. Allerdings, aufgrund seiner dreidimensionalen komplexen und schwer zu bearbeitenden gekrümmten Oberfläche und hohen Präzisionsanforderungen, ist es zu einem großen Problem in der Herstellung von optischen Bauteilen geworden. Das Forschungsteam der Jilin University hat eine neue Methode zur Bearbeitung von gekrümmten Mikrolinsen und Arrays mit Femtosekunden-Laser-Mikronano-Bearbeitungstechnologie vorgeschlagen, um auf die Herstellungsprobleme von asphärischen Mikrooptikkomponenten zu reagieren, und legt eine theoretische Grundlage für hochpräzise, wiederholbare und hocheffiziente Laser-Mikronanobearbeitung mit technischer Unterstützung. Es bietet eine neue Idee für die Herstellung von asphärischen Mikrooptikkomponenten, die dringend in den Bereichen Luftfahrt, Raumfahrt und Lasertechnologie benötigt werden. Diese Technologie zeigt neuartige Lösungen für die Grundlagenforschung und aktuelle allgemeine Mikrooptikprobleme der nationalen Verteidigungsanwendungen wie organische Elektrolumineszenz, Solarzellen, Hochleistungs-Lichtwellenleiter-Sensorik, Mikroströmungs- und optische Strömungserkennung sowie filmlose Infrarot-Antireflexionsführung.

[23–26]. Basierend auf den oben genannten neuen Methoden und neuen Technologien wurde eine Reihe von leistungsstarken mikrooptischen Elementen realisiert, die durch formgebende Mikrolinsen dargestellt werden, wie Zonenplatten, asphärische refraktive Linsen, refraktive Hybride und abstimmbare Linsen (Abb. 6.9). Als Reaktion auf das schwierige Problem der Strahlformung von Halbleiterdiodenlasern wird außerdem die Femtosekunden-Laserbearbeitung zur Herstellung integrierter asphärischer Mikrolinsen für oberflächenemittierende Laser mit vertikalem Resonator verwendet, wodurch der Divergenzwinkel des Ausgangslasers von 18,16° auf 0,86° reduziert wird.

Für kantenemittierende Halbleiterdiodenlaser werden asymmetrische Mehrfachzonenplatten und nicht ausgerichtete Hyperboloidlinsen hergestellt, wodurch ideale Formgebungseffekte von 60° auf der schnellen Achse und 9° auf der langsamen Achse auf 6,9 mrad und 32,3 mrad erreicht werden. Die Effizienz der faseroptischen Kopplung liegt höher als 80 %.

6.3.4 Präparation von neuen Materialien

Die neue Methode der ultraschnellen Laserbearbeitung hat nicht nur eine wichtige Anwendung in der Herstellung von traditionellen Materialien, sondern zeigt auch signifikante Vorteile bei der Präparation von neuen Materialien. Das Forschungsteam des Beijing Institute of Technology hat ein laserunterstütztes Präparationssystem für Graphen in verschiedenen Dimensionen etabliert, indem die Wechselwirkung von Laser und Kohlenstoff-Mikronanomaterialien genutzt wird, um die lokalen momentanen Eigenschaften des Materials zu steuern und eine hohe Präzision und hocheffiziente Herstellung von mehrdimensionalen Mikronanofunktionsstrukturen zu erreichen [27–29]: Laserdirektschreiben präpariert schnell gute

Abb. 6.9 Femtosekunden-Laserbearbeitung einer hexagonal dicht gepackten Mikrolinsenanordnung mit hoher numerischer Apertur

monodisperse nulldimensionale Graphenquantenpunkte (Abb. 6.10a); Laser-Mikronanobearbeitung eindimensionaler Graphenmikrofasern zur Erzeugung von Laufrobotern (Abb. 6.10b); ultraschnelle Laserdirektschreiben von zweidimensionalen Graphenfilmen zur Erzeugung von Graphenspeicherdioden (Abb. 6.10c); laserunterstützte Abscheidung zur Präparation von funktionalen dreidimensionalen Graphenschäumen und anderen mikronanofunktionalen Strukturen (Abb. 6.10d). Mit den oben genannten neuen Laserbearbeitungsmethoden wurde eine Reihe von funktionalen Geräten auf Graphenbasis konstruiert, die die Anwendung von neuen Materialien wie Graphen in den Bereichen Kondensatoren, Infrarotsensoren, Brennstoffzellen und Lithium-Ionen-Batterien erheblich erweitern.

6.3.5 Herstellung von nanokristallinen Großflächen-Assembly-Strukturen

Die nanokristalline Assembly-Struktur bietet größere Flexibilität und Möglichkeit zur Optimierung und Regulierung der Eigenschaften von Materialien und ist von großer Bedeutung für die Entwicklung von chemischer Katalyse, Solarenergieumwandlung und Biomedizin. Unter Ausnutzung der Vorteile der Laserherstellung hat das Forschungsteam des Beijing Institute of Technology eine Methode zur Laserbestrahlung von kolloidalen Nanokristallen zur Montage einer großen Fläche etabliert, um eine Nanosuperstruktur im Mikrometerbereich zu erhalten. Die Wechselwirkung zwischen dem resonanten kontinuierlichen Laser und der Plasmon-Assembly-Nanostruktur wird manipuliert, um die Mikrostruktur von Materialien und damit die lokale photothermische Aktivität der Struktur zu steuern, und realisiert das *In-situ*-Schweißen der präzise synthetisierten plasmonischen nulldimensionalen nanokristallinen Partikel, um die Superstruktur zu erhalten. Um die Mikronanofertigung und -bearbeitung der montierten Struktur des nulldimensionalen Nanokristalls zu realisieren, hat die effiziente Elektronenübertragung zwischen den Partikeln und die Anwendung von Geräten eine solide

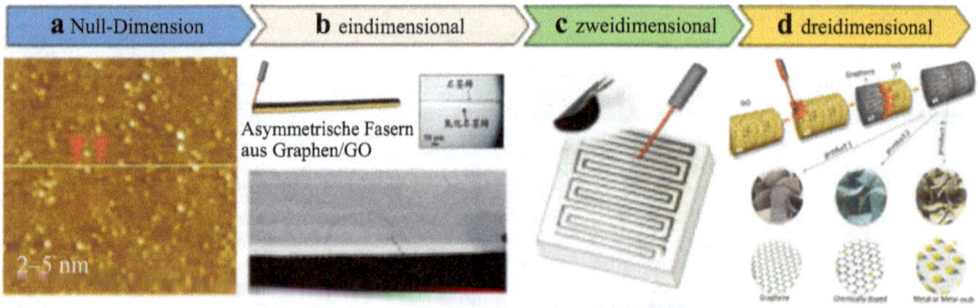

Abb. 6.10 Laserunterstützte Präparationsmethode von Graphen mit verschiedenen Dimensionen (**a** Nulldimensionale Quantenpunkte; **b** Eindimensionale Graphenfaser; **c** Zweidimensionaler Graphenfilm; **d** Dreidimensionaler Graphenschaum)

Materialgrundlage gelegt [30–32]: die präzise Synthese von Au@CdS, Au und anderen plasmonischen nulldimensionalen Partikelmontagefilmen unter Verwendung von resonant gekoppelter kontinuierlicher Laserbestrahlung zur Realisierung der Interaktion zwischen Nanopartikeln; das Nanoschweißen zur Bildung von Superstrukturen und zur Realisierung ihrer Anwendung in Lichtabsorption und flexiblen Bauteilen (Abb. 6.11A); die Verwendung der präzisen Synthese eines dotierten Quantenpunktfilms (CdSe: Ag), kontinuierlicher laserunterstützter MCD-Test bei 3,1 eV. Der Test und der Transientenspektrumstest des Femtosekundenlasers (95 fs Puls, ~ 800 nm) realisierten den fotoinduzierten Magnetismus in den nichtmagnetischen Ag-dotierten CdSe-Quantenpunkten (Abb. 6.11B). Mit der oben genannten neuen Laserbestrahlungsbearbeitungsmethode werden die Nanopartikel für die Mikronanobearbeitung aufbereitet, was die Bottom-up-Montagemethodik von

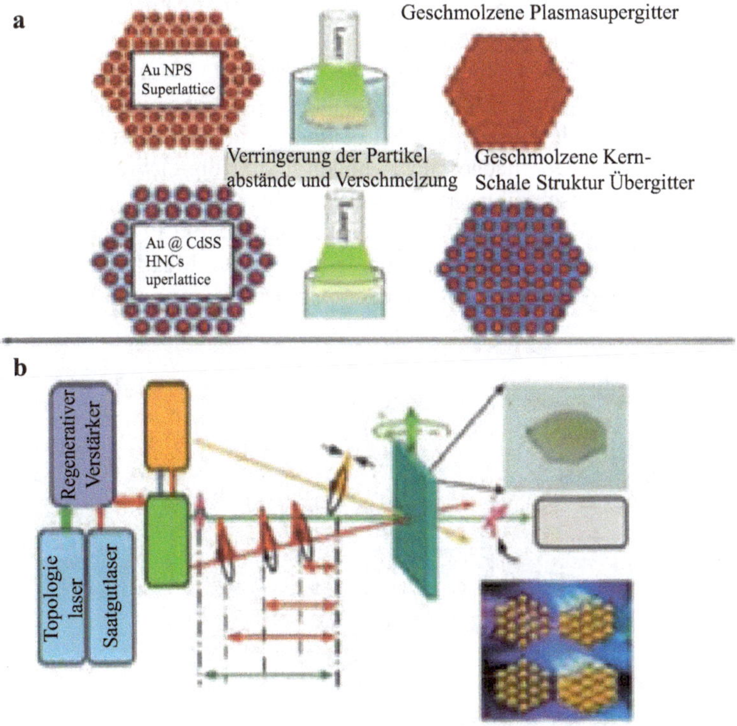

Abb. 6.11 **A** Verwendung von 532 nm (6,68–13,37 W·cm^{-2}) kontinuierlicher Laserbestrahlung zur präzisen Synthese von plasmonischen nulldimensionalen Partikelmontagefilmen wie Au@ CdS, Au usw., um das Nanoschweißen zwischen Nanopartikeln in eine Superstruktur zu realisieren und ihre Anwendung in Lichtabsorption (a) und flexiblen Bauteilen (b) zu realisieren; **B** Verwendung der präzisen Synthese eines dotierten Quantenpunktfilms (CdSe: Ag), kontinuierlicher laserunterstützter MCD-Test bei 3,1 eV und Femtosekundenlaser-Transientenspektroskopietest (95 fs Puls, ~ 800 nm); der durch Licht in nichtmagnetischen Ag-dotierten CdSe-Quantenpunkten induzierten Magnetismus wurde nachgewiesen (a–e)

nulldimensionalen plasmonischen Nanokristallen und dotierten Quantenpunkten erheblich erweitert und ihre Verwendung in der fotoelektrischen Detektion und in fotomagnetischen neuen Anwendungen in den Bereichen Kopplung und Spintronik realisiert.

6.4 Laser-Mikronanofertigungsgeräte

Die hocheffiziente Bearbeitung von großflächiger Mikronano-3D-Topografie ist ein großes internationales Problem. Das Kernproblem besteht darin, wie die enormen Konstruktionsdaten effizient in eine 3D-Mikronanotopografie umgewandelt werden können. Basierend auf einer neuen Methode der räumlichen Laserformung hat das Forschungsteam der Soochow University eine Lithografietechnologie auf der Grundlage von Phasenraum-Licht-Hybridmodulation und digitalem Lichtfeld vorgeschlagen, die die „Mikronanostruktur-Lichtfeld"-Frame-by-Frame-Digital-Rolling-Stack/- (Integration)-Technologie (12.000 Frames)/Sekunde, 1920 × 1080 Daten/Frame, 3D-Navigationsflug-Expositionsmodus verwendet, hat die großen Probleme der effizienten Bearbeitung komplexer Mikronano-3D-Topografie auf gewölbten Oberflächen überwunden und erfolgreich das „Großflächige Mikronano-3D-Direktschreibgerät MiScanV" (Abb. 6.12) entwickelt, das die Industrielücke füllt und erfolgreich auf großflächige flexible Funktionsmaterialien, großformatige kapazitive Sensoren, neue Anzeigegeräte, MEMS-Bauteile und andere High-Tech-Forschungsfelder für nationale Verteidigung und zivile Nutzung

Abb. 6.12 Großflächiges Mikronano-3D-Direktschreibgerät MiScanV und seine ikonischen Ergebnisse

angewendet wurde. In der nationalen „Zwölften Fünfjahres"-Wissenschafts- und -Technologie-Innovationsausstellung wurde das großflächige Mikronano-3D-Direktschreibgerät als ein Wahrzeichen der Errungenschaft im fortgeschrittenen Fertigungsfeld des nationalen „863-Programms" ausgestellt. Derzeit wird das Gerät in der Entwicklung und Herstellung von Mikronanomaterialien und -bauteilen in Dutzenden von Einheiten wie der China Electronics Technology Group Co., Ltd., der Tsinghua-Universität, der Hong Kong Polytechnic University eingesetzt und wurde nach Russland, Israel und andere Länder exportiert.

Als Reaktion auf den Mangel an technischen Mitteln zur „Subnanometer-Präzisionskontrolle" in der Entwicklung von Photonik-Chips, 3D-Displays und optischen Wellenleiterbauteilen hat das Forschungsteam der Soochow University eine neue Methode der Nanolithografie mit „fünfdimensionaler Mikronano-Optikfeldkontrolle" (Struktureinheit) erfunden. Die Strukturauflösung liegt nahe bei $\lambda/4$, was 2-mal höher ist als die des Projektionslithograficsystems, und hat erfolgreich ein Nanolithografiegerät „NanoCrystal" mit einer Strukturmodulationsgenauigkeit von <1 nm entwickelt. Die Feldgröße beträgt 100–250 µm, die Strukturgröße im Lichtfeld ist >90 nm, das Format beträgt 6–32 Zoll, der strukturierte Lichtfeldlithografiemodus, die Rate beträgt 100–500 mm^2/min, was die Lücke in der Industrie füllt und die industrielle Anwendung realisiert (Shanghai Jiaotong University, The Hong Kong Polytechnic University und viele Unternehmen).

Literatur

1. Zheng F, Pu Z, He E et al (2018) From functional structure to packaging: full-printing fabrication of a microfluidic chip. Lab Chip 18(13):1859–1866
2. Jiang L (2018) Electrons dynamics control by shaping femtosecond laser pulses in micro/ nanofabrication: modeling, method, measurement and application. Light Sci Appl 7(2):17134
3. Zewai AH (1988) Laser femtochemistry. Science 242(4886):1645–1653
4. Pan C (2019) The temporal-spatial evolution of electron dynamics induced by femtosecond double pulses. J Appl Phys 58(3):030901
5. Zhang K (2014) Femtosecond laser pulse-train induced breakdown in fused silica: the role of seed electrons. J Phy D Appl Phys 47(43):435105
6. Wang C (2012) First-principles electron dynamics control simulation of diamond under femtosecond laser pulse train irradiation. J Phys Condens Matter 24(27):275801
7. Yuan Y (2012) Formation mechanisms of sub-wavelength ripples during femtosecond laser pulse train processing of dielectrics. J Phy D Appl Phys 45(17):175301
8. Yuan Y (2012) Adjustment of ablation shapes and subwavelength ripples based on electron dynamics control by designing femtosecond laser pulse trains. J Appl Phys 112(10):103103
9. Jiang L, Tsai HL (2004) Prediction of crater shape in femtosecond laser ablation of di-electrics. J Phys D Appl Phys 37(10):1492
10. Jiang L, Tsai HL (2005) Repeatable nanostructures in dielectrics by femtosecond laser pulse trains. Appl Phys Lett 87(15):151104
11. Wang A (2015) Mask-free patterning of high-conductivity metal nanowires in open air by spatially modulated femtosecond laser pulses. Adv Mater 27(40):6238–6243

12. Wang GB, Li M, Ding YC et al (2010) Background, implementation, and management measure of the major research plan "fundamental study on nanomanufacturing". Bul Natl Nat Sci Found China 24(2):70–77. (in Chinese) (王国彪, 黎明, 丁玉成, 等. 重大研究计划 "纳米制造的基 础研究" 综述. 中 国科学基金.)
13. He E, Cao T, Cai L et al (2018) A disposable microcapsule array chip fabricated by ice printing combined with isothermal amplification for Salmonella DNA detection. RSC Adv 8(69):39561–39566
14. Zhao M (2015) Controllable high-throughput high-quality femtosecond laser-enhanced chemical etching by temporal pulse shaping based on electron density control. Sci Rep 5:13202
15. Xie Q (2016) High-aspect-ratio, high-quality microdrilling by electron density control using a femtosecond laser bessel beam. Appl Phys A 122(2):136
16. Qiu L (2014) Real-time laser differential confocal microscopy without sample reflectivity effects. Opt Express 22(18):21626–21640
17. Qiu L, Zhao W, Wang Y (2015) Laser differential confocal focal-length measurement and its instrument. In: Applications of lasers for sensing and free space communications
18. Jiang L (2011) Femtosecond laser fabricated all-optical fiber sensors with ultrahigh refractive index sensitivity: modeling and experiment. Opt Express 19(18):17591–17598
19. Li B (2012) High sensitivity mach-zehnder interferometer sensors based on concatenated ultraabrupt tapers on thinned fibers. Opt Laser Technol 44(3):640–645
20. Yu Y (2013) Fiber inline interferometric refractive index sensors fabricated by femtosecond laser and fusion splicing. Chin Opt Lett 11(11):110603
21. Luo Z (2015) One-step fabrication of annular microstructures based on improved femtosecond laser bessel-gaussian beam shaping. Appl Opt 54(13):3943–3947
22. Sun XY (2016) Highly sensitive refractive index fiber inline mach-zehnder interferometer fabricated by femtosecond laser micromachining and chemical etching. Opt Laser Technol 77:11–15
23. Wang C (2015) Adjustable annular rings of periodic surface structures induced by spatially shaped femtosecond laser. Laser Phys Lett 12(5):056001
24. Wu D (2011) Curvature-driven reversible in situ switching between pinned and rolldown superhydrophobic states for water droplet transportation. Adv Mater 23(4):545–549
25. Xia H (2010) Ferrofluids for fabrication of remotely controllable micro-nanomachines by two-photon polymerization. Adv Mater 22(29):3204–3207
26. Fang HH (2010) Two-photon pumped amplified spontaneous emission from cyanosubstituted oligo (p-phenylenevinylene) crystals with aggregation-induced emission enhancement. J Phys Chem C 114(27):11958–11961
27. Zhang YL (2010) Designable 3D nanofabrication by femtosecond laser direct writing. Nano Today 5(5):435–448
28. Cheng H (2013) Graphene fibers with predetermined deformation as moisture-triggered actuators and robots. Angew Chem Int Edit 52(40):10482–10486
29. Gao J (2018) Laser-assisted large-scale fabrication of all-solid-state asymmetrical micro-supercapacitor array. Small 14(37):1801809
30. Zhao Y (2017) Integrated graphene systems by laser irradiation for advanced devices. Nano Today 12:14–30
31. Qian H (2016) Surface micro/nanostructure evolution of Au-Ag alloy nanoplates: synthesis, simulation, plasmonic photothermal and surface-enhanced Raman scattering applications. Nano Res 9(3):876–885
32. Huang L (2018) Colloid-interface-assisted laser irradiation of nanocrystals superlattices to be scalable plasmonic superstructures with novel activities. Small 14(16):1703501

Kapitel 7
Andere Nanofertigungsprinzipien und technologische Durchbrüche

Bingheng Lu, Jianbin Luo, Zhongqun Tian, Dongming Guo, Han Ding, Changzhi Gu, Zhihong Li und Ming Liu

Mit Fokus auf die wesentlichen Forschungsziele der Nanopräzisionsfertigung, der Fertigung im Nanomaßstab und der Cross-Scale-Fertigung in der Nanofertigung richtet sich dieser Hauptforschungsplan auf unterteilte Bereiche wie die Herstellung von Nanomaterialien, spezielle Nanobearbeitungsmethoden, integrierte Herstellung von Nanobauteilen sowie Nanometertechnik und -messung. Die entsprechende Anordnung und Projektunterstützung sowie Durchbrüche in Prinzipien und Methoden wurden erreicht, die Unterstützung für die gesamte Entwicklung von Chinas Nanofertigungsfeld bieten.

B. Lu (✉)
Xi'an Jiaotong Universität, Xi'an, Shaanxi, China
E-Mail: bhlu@mail.xjtu.edu.cn

J. Luo
Tsinghua Universität, Peking, China

Z. Tian
Xiamen Universität, Xiamen, Fujian, China

D. Guo
Dalian University of Technology, Dalian, Liaoning, China

H. Ding
Huazhong Universität für Wissenschaft und Technologie, Wuhan, Hubei, China

C. Gu
Institut für Physik, Chinesische Akademie der Wissenschaften, Peking, China

Z. Li
Tianjin Universität, Tianjin, China

M. Liu
Schule für Mikroelektronik, Universität für Wissenschaft und Technologie von China, Hefei, Anhui, China

B. Lu, *Grundlegende Forschung über die Herstellung von Nanopartikeln*,
https://doi.org/10.1007/978-3-662-69235-6_7

7.1 Präparation und Anwendung von funktionalen Nanomaterialien/-strukturen

In Reaktion auf die großen Bedürfnisse der Herstellung von Nanomaterialien hat dieser Hauptforschungsplan ein Projekt zur Entwicklung von „funktionalen Nanomaterialien zur Konstruktion von Nanostrukturen" durchgeführt und hat Präparationstechnologien rund um Edelmetall-Nanomaterialien, Kohlenstoffmaterialien, Halbleiter-Nanomaterialien, Polymermaterialien usw. entwickelt. Außerdem wurden Anwendungen wie hochsensible Biosensorik, hochpräzises Bioimaging, hocheffiziente Energieumwandlung und -sammlung gebildet, eine typische Herstellungsmethode auf Basis von Nanodruckfunktionsmaterialien etabliert und die vollständige Prozesskette der Massenproduktion von der Materialpräparation bis hin zu Prototypgeräten realisiert.

7.1.1 Präparation von funktionalen Nanomaterialien/-strukturen

Das Forschungsteam der Jilin University [1–3] hat die Komplementarität von Polymermaterialien und metallischen und anorganischen nichtmetallischen Materialien genutzt, um ein technisches Schema zur Konstruktion von zweidimensionalen geordneten Mikronanostrukturen vorzuschlagen. Die hydrothermale Synthesemethode wird verwendet, um niedrigtoxische, hocheffiziente fluoreszierende Polymer-Kohlenstoffpunkte vorzubereiten. Polymermoleküle, die auf Lösungsmittel, Ionen, pH und Vernetzung ansprechen, werden in die alternierenden Schichten eingeführt, um eindimensionale photonische Kristalle mit unterschiedlichen Reaktionseigenschaften zu erhalten. Basierend auf eindimensionalen photonischen Kristallen werden Silberionen *in situ* durch ultraviolettes Licht reduziert, um eine dreidimensionale Mikronanostruktur in einer eindimensionalen Mehrschichtfilmstruktur zu erzeugen; eine zweidimensionale geordnete Mikronanostruktur mit nichtsphärischer Symmetrie und unidirektionaler Infiltration wird konstruiert, wodurch ein Einwegventil eines Mikrofluidiksystems entsteht; unter Verwendung von Kolloidätztechnologie kombiniert mit SI-ATRP-*In-situ*-Polymerisation zur Präparation einer zweidimensionalen mehrstufigen geordneten Mikronanostruktur zur Konstruktion eines mehrskaligen, gradientenartigen Proteinmusters und zur Präparation von Einzelstrang-DNA-Nanokegel-Arrays und zweidimensionalen mehrstufigen DNA-gemusterten Mikronanostrukturen, die zur Erkennung von Ziel-DNA verwendet werden können.

Das Forschungsteam der Chinese Academy of Medical Sciences [4–6] hat hochpräzise, planare Cross-Scale-Gold-Nanoarrays auf der Basis von DNA-Vorlagen fabriziert, die die theoretische Grundlage der Nanofertigung und die Herstellungsmethoden von Technologie und Ausrüstung bereichern. Durch verschiedene Wirkungsweisen wie elektrostatische Kraft, chemische Bindung und biologische

Erkennung wurde die kontrollierbare Selbstmontage von Gold-Nanostäben realisiert, und die elektromagnetische Feldverteilung und der Raman-Verstärkungseffekt von Gold-Nanostäben wurden untersucht. Die Forschungsarbeit hat die Fortsetzung dieses Großforschungsplans ermöglicht, hat eine neue Konstruktionsmethode für universelle Nanomontage entwickelt und eine medikamentenbeladene Chitosan-Gold-Nanoröhrchen-Montage konstruiert. Die Auswertungsergebnisse von In-vitro-Zellversuchen zeigen, dass die nebeneinanderliegenden Nanostäbe eine gute Wirkung in der Tumorbehandlung haben, eröffnen einen neuen Ansatz für die Tumorbehandlung und die Forschung an der Chemotherapie-Photothermie-Therapie-Integration, und es ist wirksam für große Moleküle (wie Polyethylenglykol mit Molekulargewicht 1000–12.000), Metallionen (wie Quecksilber-Ionen, die Nachweisgrenze von 0,1 nm), kleine Moleküle (wie Theophyllin, die Nachweisgrenze von 0,05 μm) wurden mit hoher Spezifität und Sensitivität getestet.

Das Forschungsteam der Sun Yat-sen University [7–10] hat eine elektrochemische Präparationsmethode für das geordnete Wachstum von Nanohalbleitermaterialien auf großen Flächen etabliert und die Präparation von Nanohalbleitermaterialien wie CdTe, PbS/PbTe ZnO/ZnS, ZnTe/CdO, CdS auf Makroskalen-Substraten wie Cu, Ni, Ti und ITO realisiert, was eine wichtige Rolle bei der Förderung der Entwicklung und Anwendung der Nanohalbleitermaterialwissenschaft spielt. Das Forschungsteam hat die $MnO_2/Mn/MnO_2$-Sandwichstruktur von Nanoröhren-Arrays synthetisiert und ihre Anwendung im Bereich der Energiespeicherung diskutiert. Es hat die Präparationsmethode des TiN-Nanodraht-Array-Elektrodenmaterials vorgeschlagen und einen festen Polymer-Elektrolyten anstelle von flüssigem Elektrolyten verwendet, um die Zyklusstabilität zu verbessern. Nach 15.000 Zyklen liegt seine Stabilität über 83 %. Diese Forschungsarbeit wurde durch die Fortsetzung dieses Großforschungsplans unterstützt und hat die nanoskalige Herstellung von großflächig geordneten übergangsmetallbasierten Energiespeichermaterialien auf der Basis von elektrochemischen Methoden und die Forschung von flexiblen Energiespeichern durchgeführt. In der Forschung von Hybrid-Kondensator-Anodenmaterialien wurden Fortschritte bei neuen Vanadiumoxid-Anoden-Energiespeichermaterialien und Hybrid-Kondensatoren, manganbasierten flexiblen tragbaren asymmetrischen Energiespeichern, flexible und dehnbaren Superkondensatoren usw. erzielt. Einige repräsentative Ergebnisse sind in Abb. 7.1 dargestellt.

7.1.2 Nanomaterial-Hybrid-Drucktechnologie und Anwendung

Auf der Grundlage der Herstellung von funktionalen Nanomaterialien hat das Forschungsteam des Suzhou Institute of Nanotechnology and NanoBionics, Chinese Academy of Sciences [11–14] eine flexible transparente leitfähige Film-Nanomaterial-Hybrid-Druckfertigungstechnologie entwickelt, die die traditionelle Technologie der

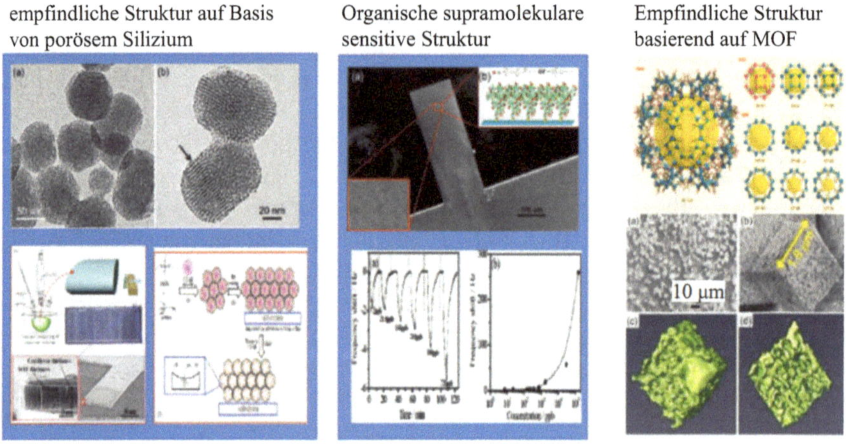

Abb. 7.1 Einige repräsentative Ergebnisse der Nanomaterialherstellung

Leitfähigkeit und Durchdringung durchbrochen hat. Das Problem der gegenseitigen Einschränkung der Raten hat breite Anwendungsmöglichkeiten in den Bereichen großflächige und kostengünstige Herstellung von flexiblen Displays, Lichtemission, Dünnschicht-Solarzellen, kostengünstige Radiofrequenz-Identifikation, Sensoren und anderen Bereichen. Das Team hat die Gleichmäßigkeit und Konsistenz der Herstellungstechnologie von großflächigen gedruckten Nanosensor-Arrays untersucht, was die Grundlage für die weitere Realisierung der großflächigen Massenproduktion von elektronischen Geräten legt. Eine neue Hybriddrucktechnologie, die Nanoimprint und Nanoink-Füllung kombiniert, wurde erfunden und eine Vielzahl von Druckprozessen von Inkjet-Druck bis Siebdruck und Tiefdruck wurden etabliert. Diese Erfindung gewann den China Patent Gold Award 2014; für eine Förderung der Industrie wurde ein flexibler, leitfähiger und transparenter Film-Touchsensor mit gedrucktem Nanosilber-Metallgitter entwickelt, der auf Touchscreens von Mobiltelefonen und Tablet-Computern angewendet wurde; flexible, transparente, leitfähige Filme mit gedrucktem Nanosilber-Metallgitter haben die Massenproduktion erreicht, elektronische Hautsensoren und Formaldehydsensoren praxistauglich geworden, und in verwandten Unternehmen wurden Produktentwicklungen durchgeführt. Ein Teil des Ergebnisses ist in Abb. 7.2 dargestellt.

7.2 Maskenlose Herstellung von Nanostrukturen

Mit der Finanzierung und Unterstützung dieses Major Research Plan und mit Fokus auf die Bedürfnisse der Nanofertigung haben chinesische Forscher fruchtbare Erkundungen in Nanobearbeitung, Nahfeldlithografie, maskenloser Lithografie, Nanofräsen und Mehrphotonen-Bearbeitung durchgeführt, das Bearbeitungsprinzip

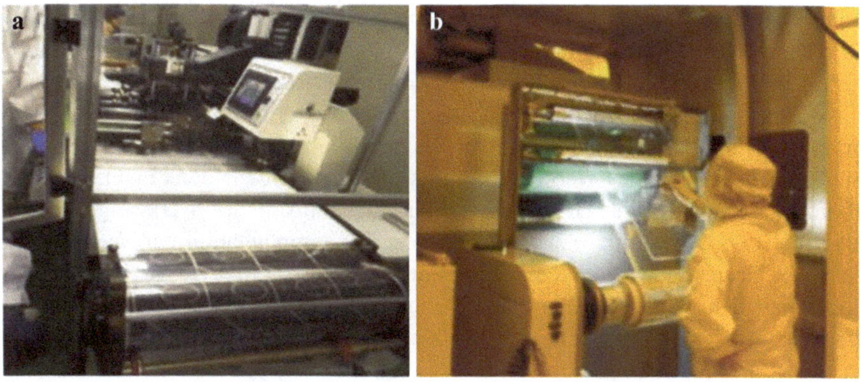

Abb. 7.2 Nanodruckfertigungstechnologie zur Massenproduktion elektronischer Geräte (**a** Gedruckter Feldeffekttransistor-Schaltkreis; **b** Gedruckter transparenter, leitfähiger Film-Touchsensor)

der maskenlosen Fertigungstechnologie verstanden und einzigartige Nanostrukturherstellungsmethoden und technische Routen entwickelt, die die technischen Fähigkeiten der Nanofertigung meines Landes bereichern.

7.2.1 Nanoschneidmechanismus und Hilfsverfahren für die Ionenimplantation

Gemäß der Grundtheorie und den Kontrollproblemen der hohen Effizienz und geringen Schäden in der Nanoschneidfertigung hat das Forschungsteam der Tianjin University theoretische Forschungen zum Nanoschneiden durchgeführt und eine Nanoschneidtechnologie mit unabhängigen geistigen Eigentumsrechten entwickelt. Neue Schneidtechnologien und neue Methoden bieten eine wichtige Referenzmethode für die Nanopräzisionsbearbeitung komplexer Flächen und spielen eine wichtige unterstützende Rolle bei der Entwicklung der fortschrittlichen Fertigungsindustrie meines Landes [15–18].

Der Materialentfernungsmechanismus wird aus der Perspektive der Mikromechanik untersucht, der Nanoschneidprozess wird mit der Mikromakromosaiktheorie modelliert und mesoskopisch simuliert, und die dreidimensionale Molekulardynamik und Multiskalenanalysemethode und Simulationsplattform des Nanoschneidens werden etabliert, Modellunterschiede und Größeneffekte im Schneidprozess und das Nanoschneiden werden systematisch analysiert. Es wurde der Nano-Pushing-Mechanismus der Materialentfernung im Nanoschneidprozess vorgeschlagen und der Grund für die Bildung von Nanopräzisionsoberflächen erklärt; es wurde eine neue Methode der ionenimplantationsgestützten Nanobearbeitung vorgeschlagen; es wurde die Theorie und Technologie von durch Oberflächennitrierung unterstützten Bearbeitungsmethoden und ultraschallgestützten

Schneidmethoden entwickelt. Die Forschung reduziert effektiv den Verschleiß von Diamantwerkzeugen und ermöglicht das hochpräzise Schneiden von Kohlenstoffstahl; sie erforscht die Herstellungsmethode von Nanoschneidwerkzeugen auf der Basis von fokussierten Ionenstrahlen und realisiert die hocheffiziente und hochpräzise Herstellung von Nanomikrowerkzeugen; sie schlägt vor, dass der minimale Schneidkantenradius des Werkzeugs, das während des Schneidens Späne erzeugt, 10 nm beträgt, was eine Grundlage für die Genauigkeit der Werkzeugvorbereitung bietet; es wurde eine neue Methode zur Ionenimplantation zur Veränderung der Oberflächeneigenschaften des bearbeiteten Materials und zur Erzielung eines hocheffizienten Nanoschnitts entwickelt, und das stabile Schneiden des dünnsten Chips beträgt 6 nm. Ein Teil des Ergebnisses ist in Abb. 7.3 dargestellt.

7.2.2 Drehende Nahfeldlithografie von Nanostrukturen

Das Forschungsteam der Tsinghua University hat eine neue Art von drehender Nahfeldlithografie entwickelt, die die hervorragenden Fokussierungseigenschaften der Oberflächenplasmonenlinse im Nahfeldbereich nutzt, kombiniert mit der Luftschwebung, die für die Lithografiekopfformen bei hoher Drehgeschwindigkeit des Werkstücks erzeugt wird, um einen stabilen Nahfeldzustand zu bilden und eine hochauflösende, hocheffiziente, großflächige Nanostrukturbearbeitung zu realisieren [19–21].

Das Team hat sich eingehend mit den Ausbreitungseigenschaften von Oberflächenplasmonen im Nahfeldbereich von 30 nm, der Theorie der Schmierung mit verdünnten Gasen in einem Nanospalt, dem Gesetz der Oberflächenkraftwirkung und den schnellen Reaktionsmechanismus von Fotolack in Nanosekundenintervallen

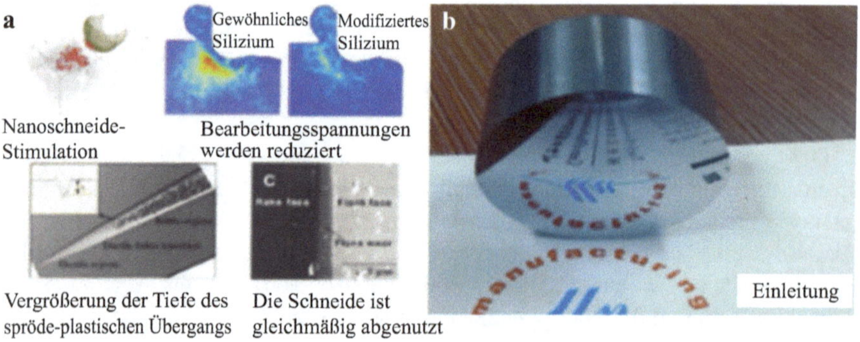

Abb. 7.3 Nanoschneidmethode von Nanostrukturen (**a** Schneidleistungsänderungen nach Ionenimplantation; **b** Bearbeitungsergebnisse von typischen Nanoschneidegeräten)

studiert und die Kopfdynamik-Designtheorie untersucht, hat die Kerntechnologie der drehenden Nahfeldlithografie-Herstellung zum Durchbruch verholfen, ein Fertigungssystem für Nanomusterprototypen der rotierenden Nahfeldlithografie entwickelt und eine kostengünstige Herstellung und hohe Effizienz für Muster mit einem gewissen Grad an Komplexität und einer charakteristischen Linienbreite von 50 nm erreicht. Mit einer Geschwindigkeit von 11,3 m/s wurden Linienmusterbearbeitung bei 16,85 nm und Halbtonbearbeitung bei 50,71 nm und 75 nm erreicht. Ein Teil des Ergebnisses ist in Abb. 7.4 dargestellt.

7.2.3 Maskenlose Ätzfertigung von Nanokegeln

Das Forschungsteam des Institute of Physics, Chinese Academy of Sciences hat sich zum Ziel gesetzt, die kostengünstige Konsistenz von Nanokegeln und den Engpass der Massenfertigung zu überwinden. Es hat die Fertigungstechnologie für Oberflächennanokegel durch Plasmaätzen realisiert, indem es das Temperaturfeld, die Ionenenergie und den Oberflächenionensputterprozess kontrolliert, um den Schlüsselherstellungsprozess zu optimieren und eine großflächige, einheitliche, universelle und kontrollierbare Herstellung von Oberflächennanokegeln zu ermöglichen [22–24].

Das Team hat ein maskenloses Plasmaätzgerät entwickelt, einen optimierten Designansatz für Schlüsselkomponenten wie doppelte Plasmaregionen, Filamentanordnungsform und Bias-Steuerungsnetzteil vorgeschlagen und eine unabhängige Technologie für das maskenlose Ätzen von Oberflächennanokegeln entwickelt, den Schlüsselprozess des Oberflächennanokegels ohne Maske und kontrollierbare

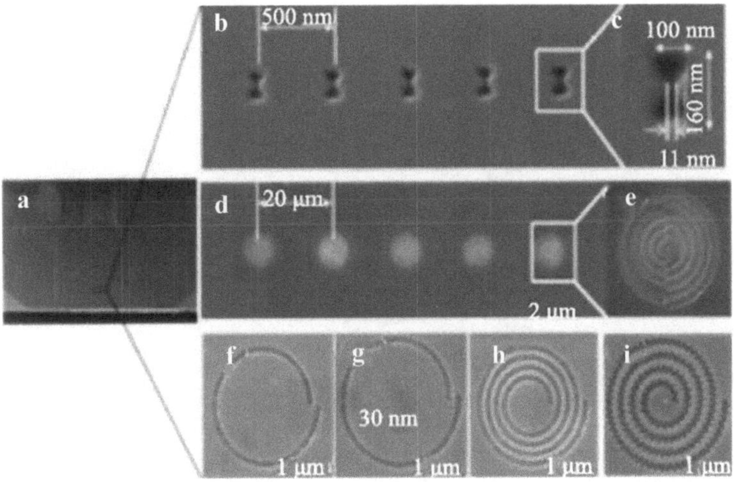

Abb. 7.4 Bearbeitungsergebnis der Oberflächenplasmonenlinse

Fertigung erlangt und die große Fläche (4 Zoll), Dichteuniformität (5 %), Kontrollierbarkeit (Kegelhöhe 0,2–3 µm, Kegelwinkel 15–45°, Nanokegeldichte über 10^6), Universalität (geeignet für eine Vielzahl von Materialien), Musterung und Serienfertigung realisiert. Die fotoelektrischen Eigenschaften und Anwendungen des Oberflächennanokegels werden untersucht und Breitband-Super-Antireflexionseigenschaften (Reflexionsrate weniger als 1 %), hervorragende und stabile elektronische Feldemissionseigenschaften (Stromdichte übersteigt 10 mA/cm^2), Breitband-Optikerkennung und hochsensible Sensorik (Empfindlichkeit erhöht um das 5-Fache) erreicht, hat den oberflächenverstärkten Raman-Streuungseffekt verbessert (Feldverstärkungsfaktor >10^8 und Detektionsfähigkeit >5 nm) und kontrollierbare Superbenetzungseigenschaften (von superhydrophil bis superhydrophob und superadhäsiven Eigenschaften) erzeugt, kann als dreidimensionale Elektrodenstruktur in Superkondensatoren und Lithiumbatterien verwendet werden, wodurch die Gesamtleistung von Energiegeräten erheblich verbessert wird (kann 10.000-mal aufgeladen werden). Einige Ergebnisse sind in Ab b. 7.5 dargestellt.

7.2.4 Prinzipien und Methoden des eingeschränkten Ätzens für Nanomerkmale

Als Reaktion auf wichtige Anforderungen wie großflächige integrierte Schaltkreise und moderne optische Präzisionssysteme haben Forscher originale Prinzipien und Methoden des eingeschränkten Ätzens vorgeschlagen, die auf die Bereiche der Nanobearbeitung von hochwertigen optischen Materialien und das Glätten und Härten der Kupferverbindungsoberfläche von großflächigen Siliziumwafern angewendet werden. Außerdem wurden die grundlegenden Theorien und Methoden für die Geräte zur eingeschränkten Ätznanobearbeitung etabliert.

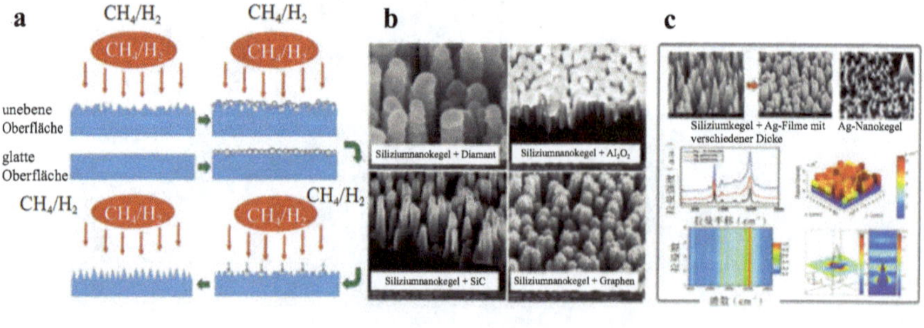

Abb. 7.5 Die Struktur des Oberflächennanokegels kann ohne Maske kontrolliert werden (**a** Das Prinzip der Bildung von Nanokegeln durch maskenloses Plasmaätzen; **b** Die Struktur des Siliziumnanokegels wird als funktionale Vorlage verwendet; **c** Oberflächenverstärkte Raman-Streuungseigenschaften der Metallnanokegelstruktur)

Das Präzisionsfertigungsteam der Dalian University of Technology [25–29] hat sich mit dem Problem der Glättung der Oberfläche von großflächigen Siliziumwafer-Kupferverbindungen mit niedrigfesten Cu/Low-k-Strukturen in der Herstellung von sehr großflächigen integrierten Schaltkreisen befasst und eine neue Methode zur Spannungsabflachung vorgeschlagen, die auf dem Prinzip der beschränkten Ätzverarbeitung basiert. Es wurden drei originale Glättungsmethoden entwickelt: eine elektrochemische Poliermethode auf der Grundlage von Diffusionskontrollreaktionen, eine filmeingeschränkte Ätzpoliermethode auf der Grundlage von Polymeren und eine chemische Poliermethode auf der Grundlage von lichtinduziertem eingeschränktem Ätzen, wodurch eine großflächige (mm/cm-Ebene) Glättungsbearbeitung erreicht wurde.

Mit Blick auf das Problem der großflächigen einheitlichen Bearbeitung, das durch die Mikronanolücke verursacht wird, die durch die Elektrode und die Oberfläche des Werkstücks gebildet wird, wurde eine Ätzbearbeitungsmethode entwickelt, die empfindlich auf die Lücke reagiert. Durch das Design und die Regulierung des Reaktionsprozesses in der großflächigen Mikronanolücke wurde der Diffusionsprozess in der chemischen eingeschränkten Ätzung genau kontrolliert. Weiterhin wurde eine lückensensitive Ätzbearbeitungsmethode, die nicht auf Einschränkungsmitteln beruht, entwickelt, um eine großflächige eingeschränkte Ätzplanarisierung zu erreichen. Eine elektrochemische Poliermethode auf der Grundlage von Diffusionskontrollreaktionen wird vorgeschlagen, um die Rauheit *Ra* von 100,5 nm auf 3,6 nm zu reduzieren, wobei die raue Kupferoberfläche als Forschungsobjekt und folgende Parameter verwendet wurden: 0,2–1,1 V Dreiecksspannung, 0,5 μm Bearbeitungslücke und 24 min Bearbeitungszeit. Es hat eine großflächige glatte Elektrodenpräparation und eine nanopräzise chemische Ätzplattform entwickelt, hat die Glättung der Kupferoberfläche im Bereich von 50 mm realisiert, der PV-Wert fiel von 260 nm auf 120 nm, und die Rauheit *Ra* fiel von 82 nm auf 4 nm. Innovativ wurde eine elektrochemische Ätzplanarisierungsmethode auf Basis von Redox-Polymer-Nanofilm vorgeschlagen, bei der Redox-Hydrogel-Polymer zur Erstellung einer großflächigen Werkzeugelektrodenoberfläche und einer Mikronanolücke zwischen der Oberfläche des Werkstücks verwendet wird und bei der die einzigartigen physikalischen und chemischen Eigenschaften von einem Redox-Wassergel-Polymer genutzt werden, um den Reaktionsprozess in diesem speziellen Raum zu steuern und eine Ätzbearbeitung mit Nanometerpräzision zu realisieren. Die Glaskohlenstoffelektrode mit einer Oberflächenrauheit *Ra* von 3,8 nm wird als Werkzeugelektrode verwendet, um eine 50 mm große Region der Kupferwerkstückoberfläche zu glätten, wobei der PV-Wert von 3,95 μm auf 1,93 μm und der Rauheitswert *Ra* von 2,6 nm auf 2,2 nm sinkt. Ein Teil des Ergebnisses ist in Abb. 7.6 dargestellt.

Das Forschungsteam der Shanghai Jiaotong University [30–32], das auf die Nachfrage nach Nanobearbeitung von harten optischen Materialien im Prozess der 3D-Flachreliefstrukturierung in der Herstellung von Mikronanooptikkomponenten abzielt, konzentriert sich auf die grundlegenden Theorien und Schlüssel der eingeschränkten Ätzschichttechnologie und elektrochemischen

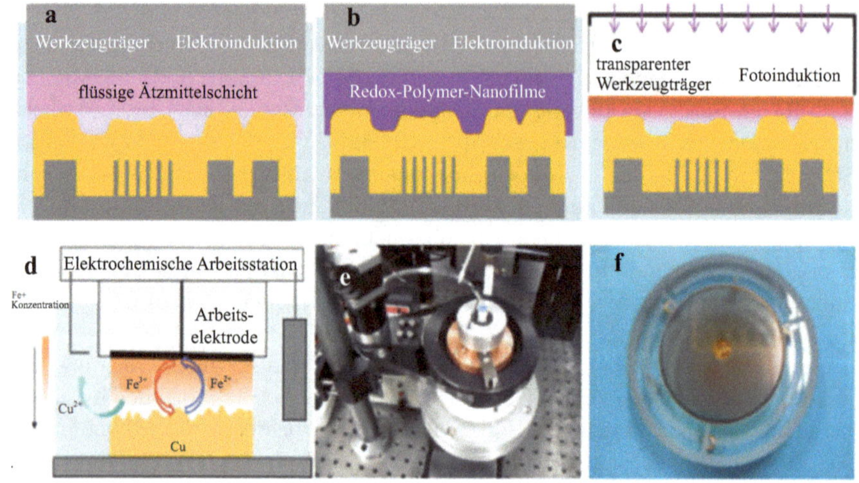

Abb. 7.6 Eingeschränkte ätzchemische Planarisierung auf der Oberfläche einer großflächigen Kupferverbindungsschicht (**a** Elektrochemisches Polieren mit Flüssigkeitsschichtsystem; **b** Elektrochemisches Polieren mit Filmschichtsystem; **c** Fotochemisches Polieren mit Flüssigkeitsschichtsystem; **d** Schematische Darstellung des Kupfer-EGCP-Polierens; **e** EGCP-Prototypsystementwicklung; **f** Physische Fotos von Elektroden nach dem Polieren)

Nanobearbeitungstechnologie, hat verwandte Forschungen zur Nanofertigung durchgeführt, sodass die Bearbeitungsauflösung von GaAs, Quarz und anderen optischen Materialien die Nanoskala erreicht, bildet einen einfachen Prozess, geeignet für eine Vielzahl von Materialien, Nanopräzisionskopieren und Bearbeitung von Flachreliefanordnungsmustern. Die neue Ausrüstung hat den Fortschritt der 3D-Mikronanofertigungstechnologie gefördert.

Mit Blick auf das Br_2/L-Cystin eingeschränkte Ätzsystem von GaAs, unter Verwendung des Feedback-Modus des rasterelektrochemischen Mikroskops und des Sammelmodus-Experiments, kombiniert mit COMSOL-Multiphysics-Simulation, werden die Ätzreaktion und die eingeschränkte Reaktionsgeschwindigkeitskonstante bestimmt. Die Hauptfaktoren, die die Bearbeitungsgenauigkeit und die Gleichmäßigkeit der großflächigen Bearbeitung beeinflussen, wurden durch Simulation und Experiment erforscht. Durch die Optimierung der Komponentenkonzentration des Ätzsystems und der Bearbeitungsprozessparameter wird die Replikationsverarbeitung mit hoher Produktionsrate und Nanometerpräzision des Mikrolinsen-Arrays auf GaAs auf der entwickelten Bearbeitungsvorrichtung realisiert; darüber hinaus wurde eingeschränkte Ätzschichttechnologie mit elektrochemischen Nassstempeln und metallunterstützte eingeschränkte Ätzschichttechnologie entwickelt, dreidimensionale Mikronanostrukturen auf Halbleitern und Metallen wurden bearbeitet, einschließlich refraktiver und diffraktiver Mikrolinsen-Arrays und oberflächenverstärkter Infrarotkomponenten. Einige Ergebnisse sind in Abb. 7.7 dargestellt.

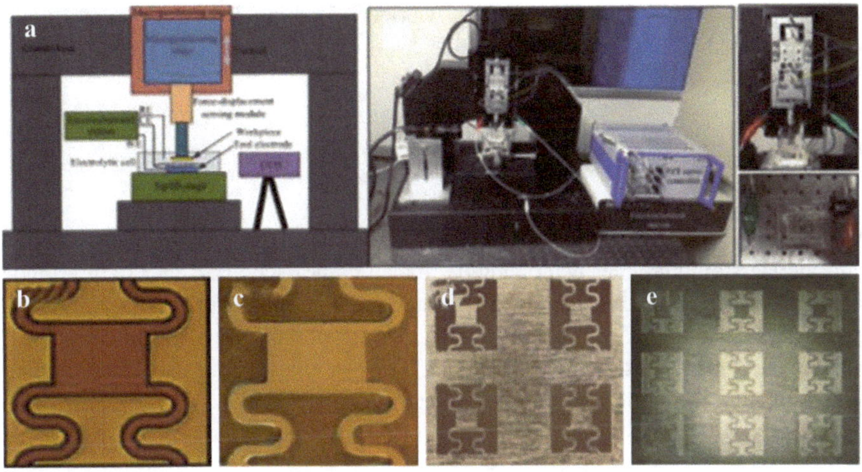

Abb. 7.7 Die von CELT auf GaAs, Nickel, Aluminium und Siliziumsubstraten durch Elektrolyse replizierte Mikro-/Nanostruktur (**a** CELT Mikronanobearbeitungssystem; **b** Siliziumvorlagenmuster; **c** GaAs-Muster; **d** Muster auf Aluminium; **e** Grafik auf Nickel)

7.2.5 Multiphotonen-Fertigung von Metallmikronanostrukturen

Das Forschungsteam des Institute of Technology of Physics and Chemistry, Chinese Academy of Sciences, hat das Kontrollprinzip der photochemischen nanoskaligen Multiphotonenreduktionsreaktion auf Basis des nichtlinearen optischen Multiphotoneneffekts für die Bearbeitung und Präparation von dreidimensionalen Metallmikronanostrukturen erforscht und hat die neue Methode, neue Technologie und neue Ausrüstungsprinzipien einer originellen und transzendenten optischen beugungsbegrenzten dreidimensionalen Metallmikronanostrukturbearbeitung entwickelt, die eine wichtige Unterstützung für die Entwicklung von Chinas Spitzenforschung in Technologie und Hightechanwendungen ist [33–35].

Das Team hat eine neue Methode der Multiphotonen-Metallnanostrukturbearbeitung mit dualer Wellenlänge und dualem Strahl vorgeschlagen, die das Problem der Diffusion von Metallnanopartikeln gelöst hat, die durch photochemische Multiphotonenreduktion während der Bearbeitung erzeugt werden, und hat die Metallstrukturbearbeitung mit einer Merkmalsgröße von 28 nm realisiert. Es bietet einen effektiven Weg für die kostengünstige, großflächige und schnelle Herstellung von Metallnanostrukturen und Geräten; darüber hinaus wird ein neuer Mikronano-Bearbeitungsmechanismus vorgestellt, der die nichtlineare Wechselwirkung zwischen Licht und Materie steuert. Es werden gleichbogenförmige Bogenabtastverfahren und Schalenabtasttechnologien vorgeschlagen, wobei die Bearbeitungsgenauigkeit von 100 nm auf 20 nm erhöht wurde und die Oberflächenrauheit der ebenen und gekrümmten Oberflächenmodellierung weniger als 5 nm beträgt. Einige Ergebnisse sind in Abb. 7.8 dargestellt.

7.3 Herstellung neuer Nanobauteile

Während der Umsetzung dieses Großforschungsplans, mit Fokus auf das Design und die Herstellung neuer Nanobauteile, haben chinesische Forscher tiefgreifende Forschungen in den Bereichen der Fertigung von Nanobauteilen aus zweidimensionalem Material (wie Graphen, Molybdändisulfid) und der Herstellung von dreidimensionalen Nanobauteilen durchgeführt, wobei mehrere neuartige Herstellungsprinzipien und Herstellungsmethoden entstanden sind.

7.3.1 Prinzip und Herstellung von Bauteilen mit zweidimensionalem Material

Als Antwort auf die Herausforderung der Bearbeitung funktionaler Bauteile unter 10 nm hat das Forschungsteam der Nanjing University of Aeronautics and Astronautics theoretische Berechnungen und hochauflösende elektronenmikroskopische *In-situ*-Beobachtungen kombiniert und festgestellt, dass der Elektronenstrahl die benachbarten Poren des Molybdändisulfid-Monolayers dazu veranlasst hat, eine spontane Phasenänderung vor der Polymerisation zu durchlaufen, was zur Größengenerierung homogener Molybdändisulfid-Nanobänder mit einer Breite

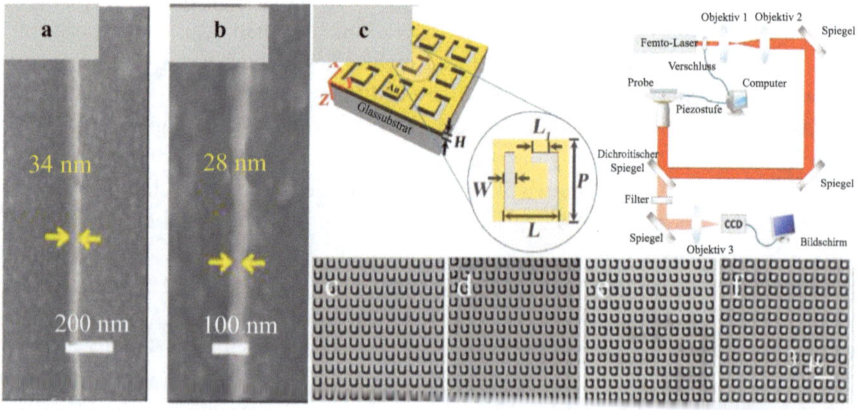

Abb. 7.8 Multiphotonenbearbeitung von Metallmikronanostrukturen (**a–b** Herstellung von Silbernanodrähten mit Linienbreiten von 34 nm und 28 nm; **c** Herstellung von zweidimensionalen chiralen komplementären Metamaterialien)

von nur 0,35 nm führte. Das Nanoband ist stabiler als das vollständige Molybdändisulfid-Basismaterial unter Elektronenstrahlbestrahlung, sodass es ordentlich und in einem großen Bereich innerhalb des Elektronenstrahlbestrahlungsbereichs erzeugt werden kann. Es besteht die Hoffnung, dass es als Vorlage dienen kann, um in der Top-down-Nanofertigungstechnologie den Übergang vom 10-nm-Knoten auf die Subnanometerebene zu erzielen [36], wie in Abb. 7.9a gezeigt. Diese Methode prognostiziert auch die Subnanometer-Vorlagenverarbeitungsfähigkeiten einer Vielzahl von niedrigdimensionalen Materialien mit ähnlichen Fähigkeiten. Nach der Veröffentlichung des Papiers hat es schnell internationale Aufmerksamkeit erregt. Forscher am Oak Ridge National Laboratory in den Vereinigten Staaten haben es als „Pionierergebnisse" bezeichnet, und auf dieser Basis wurde die Subnanometerfertigung auf kontrollierte Weise gesteuert. Diese technische Methode bietet einen neuen Weg für die Steuerung der Top-down-Methode von Subnanostrukturen und wurde von Nat Nanotechnol eingeladen, News and View [37] zu schreiben.

Das Team hat zum ersten Mal die Möglichkeit der Konstruktion neuer Graphenbauteile und die Möglichkeit von Wasserspannungseffekten wie Wellen- und Widerstandspotenzial [38, 39] entdeckt. Durch Verbesserung des Abscheidungsprozesses von großflächigem hochwertigem Graphen und dem Design von Energieumwandlungsbauteilen, systematische Experimente und Theorien haben die riesigen experimentellen Ergebnisunterschiede und Mechanismuswidersprüche in der Forschung von Kohlenstoffnanomaterialien, die Flüssigkeitsenergie seit 2001 einfangen, geklärt. Es wurde festgestellt, dass beim Einbringen von Graphen in die ionenhaltige Lösung eine Spannung über dem Graphen erzeugt wird. Dieses Phänomen wird als „Wellenpotenzial" bezeichnet, wie in Abb. 7.9b gezeigt.

Wenn die Graphenpartikel mit einer gleichmäßigen Geschwindigkeit in die Lösung eingeführt wird, ist das Fluktuationspotenzial proportional zur Länge des Graphens in der eingeführten Lösung. Durch die Kombination von Berechnungen nach den ersten Prinzipien wurde der Mechanismus dieses Phänomens aufgedeckt: Die Reaktionsgeschwindigkeit der Anionen nahe der Flüssigkeitsoberfläche auf die Kationenadsorption/-desorption auf der Graphenoberfläche hinkt der

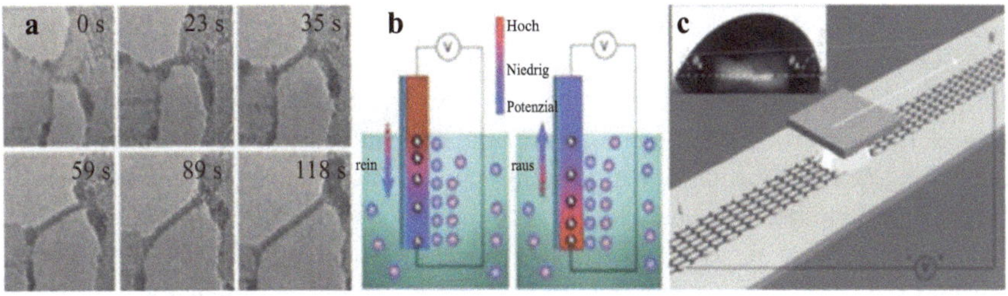

Abb. 7.9 Subnano-Vorlagenbearbeitungsfähigkeiten von niedrigdimensionalen Materialien und die Konstruktion neuer Graphenbauteile sowie Wellen- und Widerstandspotenzial (**a** Molybdändisulfid-Subnanostruktur; **b** Wellenpotenzial in Graphen; **c** Widerstandspotenzial in Graphen)

Bewegungsgeschwindigkeit der Elektronen im Graphen hinterher, was zu einem Potenzialunterschied im Graphen führt. Dieser Potenzialunterschied ist proportional zur Bewegungsgeschwindigkeit und hängt mit der Art der Ionen zusammen. Basierend auf der Arbeit zum Graphenwellenpotenzial wurde festgestellt, dass, wenn der ionenhaltige Tropfen auf der Oberfläche des Graphens gezogen wird, es zwei Veränderungen im Graphen in Richtung des Tropfens geben wird. Dieses Phänomen wird als „Widerstandspotenzial" bezeichnet, wie in Abb. 7.9c dargestellt. Dieses Widerstandspotenzial ist proportional zur Bewegungsgeschwindigkeit und Anzahl der Tropfen, was zur Erkennung der Bewegungsgeschwindigkeit der Tropfen auf der Graphenoberfläche verwendet werden kann [40, 41]. Das Wellenpotenzial und das Widerstandspotenzial offenbaren das Prinzip der Stromerzeugung durch die Bewegung der elektrischen Doppelschichtgrenze. Sie wurden vom British Institute of Physics Nanotechnology Network als „Erweiterung der seit 1807 etablierten 200-jährigen elektrokinetischen Theorie" kommentiert und legen die Grundlage für die photovoltaische Energiegewinnung und das Design des Sensors.

7.3.2 Cross-Scale-3D-Verbindung und integrierte Herstellung von Nanostrukturen und Bauteilen

Als Antwort auf die Bedürfnisse von Cross-Scale-Strukturen und Bauteilen für dreidimensionale Nanooperationen und Verbindungstechnologie hat das Nanofertigungsteam des Harbin Institute of Technology eine innovative Methode zur Messung und dreidimensionalen Operation von Cross-Scale-Strukturen und Bauteilen auf Basis von dualen AFM-Sonden vorgeschlagen, hat einen Prototyp des Bauteils konstruiert, hat die dreidimensionale Anordnung, Operation und Verbindung von Nanostrukturen und Bauteilen realisiert und hat technische Unterstützung für die Nanoelektronikfertigung und NEMS-Fertigung bereitgestellt [42–45]. Für die dreidimensionale Operation und Montage von Nanodrähten/-röhren haben wir ein auf dualen AFM-Sonden basierendes Nanorobotersystem und Steuerungssystem mit unabhängigen geistigen Eigentumsrechten entworfen und etabliert, die die dreidimensionale Nanodraht-/Nanoröhrenoperation, Montage und Verbindung realisiert haben. Wie in Abb. 7.10 dargestellt, wurden auf dem entwickelten Nanorobotersystem Simulationen und Messungen einschließlich präziser Kalibrierung des Systems, Haftkraft und Reibungskraft durchgeführt, und das dreidimensionale Betriebs- und Montageexperiment von Nanodrähten von 50–200 nm wurde erfolgreich realisiert. Zusätzlich wurde für die dreidimensionale Nanomanipulation und Montage die Kraftmodulationsmodus-Dip-Pen-Nanoätzungstechnologie (FM-DPN) durchgeführt, die quantitative Beziehung zwischen dem Durchmesser des DPN-Knotens und der Kraft zwischen der Spitze und dem Substrat wurde ermittelt und die Verbindungsmethoden zwischen verschiedenen dimensionalen Nanostrukturen wurden erforscht.

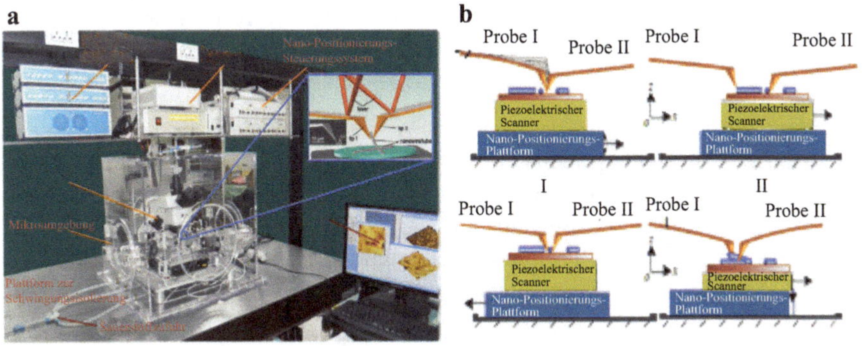

Abb. 7.10 Dreidimensionale Manipulation und Montage von Nanomaterialien basierend auf AFM-Sonden (**a** Das physische Objekt des Nanorobotersystems; **b** Der Prozess der dreidimensionalen Nanomanipulation und Montage)

Das Forschungsteam der Huazhong University of Science and Technology hat eine eingehende Forschung über das Design, die Herstellungsmethoden und Prinzipien von kohlenstoffbasierten und siliziumbasierten bionischen integrierten Mikronanostrukturen durchgeführt. Für die dreidimensionale, mehrstufige und mehrschichtige Mikronanostruktur der biologischen Oberfläche wurde die Designoptimierung der bionischen Cross-Scale-Mikronanostruktur durchgeführt und die Cross-Scale-Mikronanofertigungstechnologie der bionischen dreidimensionalen, mehrstufigen und mehrschichtigen Mikronanostruktur wurde entwickelt [46–49]. Wie in Abb. 7.11 dargestellt, wird die Forschung für die großflächige Herstellung von leistungsstarken Mikronano-Elektrodenarrays aus Verbundwerkstoffen durchgeführt, und es wurde eine großflächige dreidimensionale mikronanoporöse Elektrodenarray-Struktur aus C-MEMS/CNT/MnO_2-Verbundwerkstoffen präpariert, wodurch neue leistungsstarke Mikrosuperkondensatoren realisiert werden und neue mikronanointegrierte Fertigungsprinzipien und -methoden für die Anwendung der Nanotechnologie im Bereich der Mikroenergie bereitstellt werden.

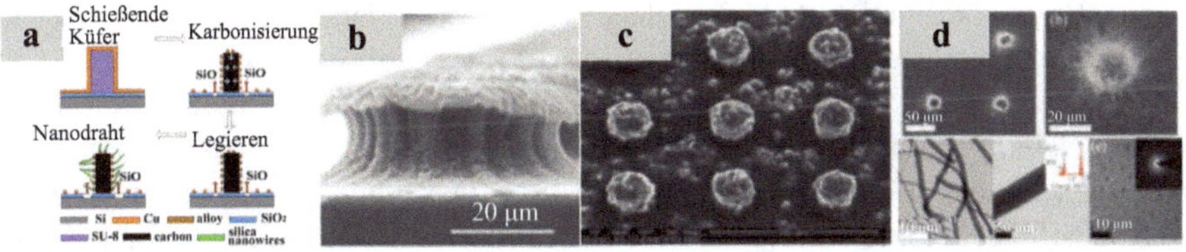

Abb. 7.11 Integriertes Mikronanostrukturdesign und großflächige Herstellung (**a** Generierungsmechanismus der Mikronanostruktur; **b** Al-Falten; **c** Nanodraht und integrierte PPY-Struktur; **d** Kohlenstoffelektrode und integrierte Nanodrahtstruktur)

7.4 Präzisionsmessung und Rückverfolgbarkeit in der Nanofertigung

Die Nanometermessung ist ein wichtiges Verbindungselement in der garantierten Präzision von Herstellungsmethoden, Herstellungsprozessen und Herstellungsausrüstung in der Nanofertigung und stellt eines der Schlüsselelemente der Nanofertigung dar. Dieser Hauptforschungsplan hat die Projekteinsetzung für Metrologie und Messung in der Nanofertigung durchgeführt, um die Gesamtentwicklung des chinesischen Nanofertigungssystems zu gewährleisten.

7.4.1 Nano-/Subnanofehlerübertragung und Rückverfolgbarkeit

Das Forschungsteam der Xi'an Jiaotong University hat die metrologische Rückverfolgbarkeit und Testtheorie in der Nanofertigung erforscht, mit dem Ziel, Standardbewertungssysteme für die Präparation und den Messvergleich von Nanoproben, die Analyse und Charakterisierung von Nanorauheit, die Beziehung zwischen Nanorauheit und Nanobauteilen/Systemleistung und die Messung von geometrischen charakteristischen Parametern der Seitenwände von Nanostrukturen umzusetzen [50, 51, 52]. Nanostufenhöhenproben von 8 nm, 18 nm und 44 nm wurden präpariert. Die präparierte Serie von Stufenhöhenproben wurde als Standardproben dieser Skala verwendet und zum Maßstab für Nanometermessung/Rückverfolgbarkeit; ein mathematisches Modell zur Bewertung von Nanorauheit wurde erstellt, das Nanometer-Rauheitsbewertungsmodell wurde erstellt, die strukturellen Merkmale und funktionalen Merkmale wurden extrahiert und analysiert, und die Messmethode von Nano/Subnanometerrauheit von Nanostrukturen wurde etabliert; die Präparationsmethode von AFM-Sonde basierend auf Kohlenstoffnanoröhren wurde vorgeschlagen, und die Messmethode für Nanostrukturen mit großem Aspektverhältnis basierend auf der Kohlenstoffnanoröhrensonde wurde entwickelt, was die Messung von Nanostrukturen mit großem Aspektverhältnis ermöglicht. Einige Ergebnisse sind in Abb. 7.12 dargestellt.

Das Forschungsteam der University of Science and Technology of China hat eine systematische Analyse der Einflussfaktoren der SPM-Nanometermessung und Forschungen zur Messung und Kompensation, Prinzip und Anwendung von atomaren Gittern durchgeführt. Der SPM-Drift beschränkt die Scanproben-Mikroskop(SPM)-Nanometermessung sowie Scanrate und Drift der Nanofertigung. Auf dieser Basis werden die oben genannten Forschungsergebnisse zu nationalen und internationalen Standarddokumenten aufgewertet. Zum ersten Mal in der Welt wird eine quantitative Messmethode vorgeschlagen, die auf dem X-, Y- und Z-Richtungsdrift des SPM-Messbildes basiert, die eine hochauflösende Messung mit einer Drift von weniger als 0,01 nm erreichen kann. Die Formulierung des internationalen Standards „Scanning Probe Microscope Drift Measurement Method"

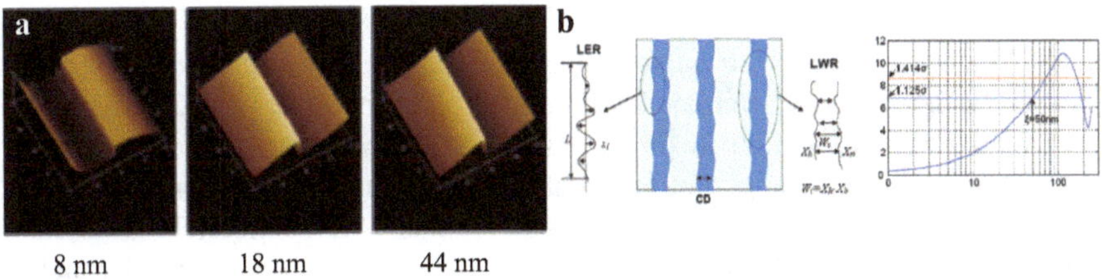

Abb. 7.12 Metrologische Rückverfolgbarkeit und Prüfung basierend auf Nanoproben (**a** Stufenhöhenmodell kalibriert durch das deutsche PTB; **b** Präparation und Charakterisierung des LER/LWR-Modells)

ist nicht nur anwendbar auf die Methode der Driftratenbewertung basierend auf SPM-Messbildern, sondern hat auch einen wichtigen Referenzwert für die Stabilitätsbewertung von Nanometer-Messgeräten.

Mit der Entwicklung der Riesenkomponentenbearbeitung, großindustriellen Prüfung, großwissenschaftlichen Instrumenten usw. ist die Entwicklung von großformatigen, nanopräzisen Positionierungsantriebstechnologien und Instrumentenausrüstungen mit hervorragender Leistung zu einer dringenden Notwendigkeit in der Entwicklung von Nanofertigungsausrüstungen und Nanomessinstrumenten geworden. Basierend auf der Forschungsgrundlage von Nanoimprint hat das Forschungsteam der Xi'an Jiaotong University den Herstellungsprozess von hochpräzisen ultralangen Metallgittern erforscht und die Entwicklung von ultralangen Gittern mit einem Messbereich von mehr als 3 m und die Entwicklung eines Lesesystems mit einer Genauigkeit von besser als 0,2 µm/m realisiert.

7.4.2 Nachweis und Charakterisierung von Nanomaterialien und Nanostrukturen

Das Forschungsteam der Huazhong University of Science and Technology hat die grundlegende Idee der rechnergestützten Metrologie vorgeschlagen. Die Messung der Nanostruktur-Topografieparameter des generalisierten Ellipsometers als Beispiel wurde systematisch untersucht und die Messbarkeit, Fehleranalyse und Messunsicherheitsbewertung in der rechnergestützten Messung und andere grundlegende wissenschaftliche Probleme und schlüsseltechnische Probleme wurden gelöst [53, 54, 55]. Das Forschungsteam hat unabhängig davon einen generalisierten Ellipsometer-Prototyp mit breitem Spektrum entwickelt, der den Wellenlängenbereich von tiefem Ultraviolett bis Infrarot abdeckt. Seine Leistung und technischen Indikatoren haben das internationale Spitzenniveau erreicht, und es eignet sich für eine genaue und für Online-Messung von großflächigen Nanostruktur-Herstellungsprozessen. Gleichzeitig hat das Team unabhängig Chinas erstes hochpräzises Breitband-Müller-Matrix-Ellipsometer entwickelt und hat Kernkomponenten und Schlüsseltechnologien wie den achromatischen Breitband-Kompensator und einen Algorithmus zur Instrumentenpräzisionskalibrierung erfunden. Das selbst entwickelte hochpräzise Breitband-Müller-Matrix-Ellipsometer wurde erfolgreich in mehr als zehn Einheiten im In- und Ausland angewendet, wie das belgische Mikroelektronik-Forschungszentrum, was die seit Langem bestehende Situation durchbricht, dass Chinas High-End-Ellipsometermarkt ausschließlich von ausländischen Unternehmen bedient wird. Ausländische Ellipsometerhersteller haben die Preise innerhalb von zwei Jahren um mehr als 30 % gesenkt, was bedeutende soziale und wirtschaftliche Vorteile gebracht hat. Einige der Ergebnisse sind in Abb. 7.13 dargestellt.

Mit der weiteren Entwicklung der Physik, Chemie, Materialwissenschaften und anderen Disziplinen tauchen neue Prinzipien und neue Methoden der Nanofertigung kontinuierlich auf. Neben den gängigen Nanofertigungsmethoden sind die Förderung interdisziplinärer und kontinuierlicher Finanzierung von innovativen Prinzipien und Fertigungsmethoden die treibende Kraft für die kontinuierliche Erweiterung der Nanofertigung und zur Bereitstellung von Methodenreserven und technischer Unterstützung für die Besetzung der beherrschenden Höhen der Nanofertigung in der Zukunft.

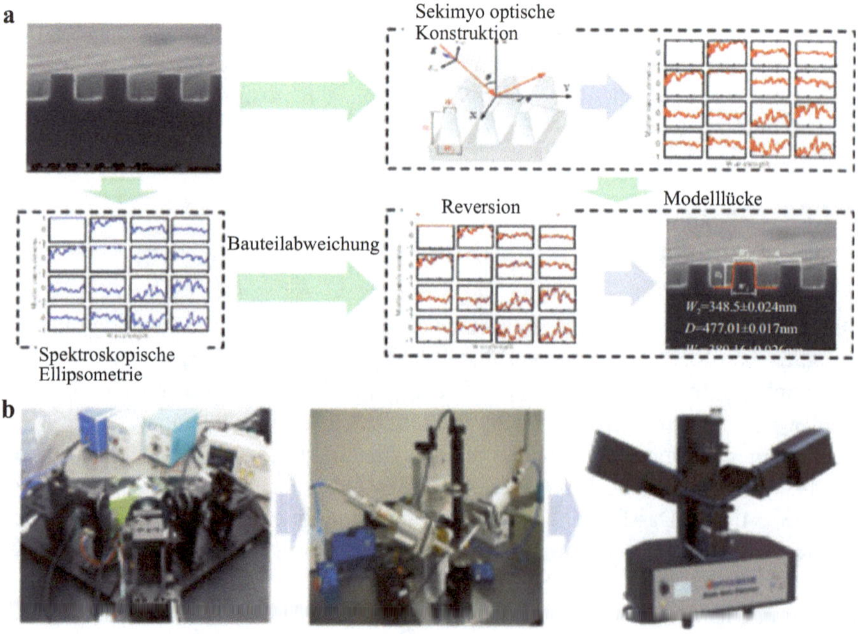

Abb. 7.13 Der Prinzipprototyp eines breitbandigen generalisierten Ellipsometers, das unabhängig entwickelt wurde (**a** Ellipsometrische Nanostrukturstreuberechnung und Messungstheorie und -Methode; **b** Selbst entwickeltes hochpräzises Breitband-Müller-Matrix-Ellipsometer)

Literatur

1. Pinchetti V (2018) Excitonic pathway to photoinduced magnetism in colloidal nanocrystals with nonmagnetic dopants. Nat Nanotechnol 13(2):145–151
2. Liu W, Li Y, Wang T et al (2013) Elliptical polymer brush ring array mediated protein patterning and cell adhesion on patterned protein surfaces. ACS Appl Mater Inter 5(23):12587–12593
3. Liu W, Liu X, Ge P et al (2015) Hierarchical-multiplex DNA patterns mediated by polymer brush nanocone arrays that possess potential application for specific DNA sensing. ACS Appl Mater Inter 7(44):24760–24771
4. Zhu S, Zhang J, Tang S et al (2012) Surface chemistry routes to modulate the photoluminescence of graphene quantum dots: from fluorescence mechanism to upconversion bioimaging applications. Adv Funct Mater 22(22):4732–4740
5. Zhang G, Chen J, Yang S et al (2011) Preparation of amino-acid-regulated hydroxyapatite particles by hydrotermal method. Mater Lett 65(3):572–574
6. Zhong L, Zhou X, Bao S et al (2011) Rational design and SERS properties of side-by-side, end-to-end and end-to-side assemblies of Au nanorods. J Mater Chem 21(38):14448–14455
7. Zhang M, Xiong Q, Wang Y et al (2014) A well-defined coil-comb polycationic brush with "star polymers" as side chains for gene delivery. Polym Chem-UK 5(16):4670–4678
8. Pu YC, Wang G, Chang KD et al (2013) Au nanostructure-decorated TiO_2 nanowires exhibiting photoactivity across entire UV-visible region for photoelectrochemical water splitting. Nano Lett 13(8):3817–3823
9. Lu X, Yu M, Wang G et al (2013) H-TiO2@ MnO2/H-TiO2@C core-shell nanowires for high performance and flexible asymmetric supercapacitors. Adv Mater 25(2):267–272
10. Lu X, Wang G, Zhai T et al (2012) Hydrogenated TiO2 nnotube arrays for supercapacitors. Nano Lett 12(3):1690–1696
11. Li Q, Wang ZL, Li GR et al (2012) Design and synthesis of MnO2/Mn/MnO2 sandwich-structured nanotube arrays with high supercapacitive performance for electrochemical energy storage. Nano Lett 12(7):3803–3807
12. Lu H, Lin J, Wu N et al (2015) Inkjet printed silver nanowire network as top electrode for semi-transparent organic photovoltaic devices. Appl Phys Lett 106(9):27
13. Cui Z (2016) Printed electronics: materials, technologies and applications. Wiley, Singapore
14. Chen Z, Qin X, Zhou T et al (2015) Ethanolamine-assisted synthesis of size-controlled indium tin oxide nanoinks for low temperature solution deposited transparent conductive films. J Mater Chem C 3(43):11464–11470
15. Cui Z (2017) Printing practice for the fabrication of flexible and stretchable electronics. Sci China Technol Sci:1–9
16. Lai M, Zhang X, Fang F et al (2013) Study on nanometric cutting of germanium by molecular dynamics simulation. Nanoscale Res Lett 8(1):13
17. Fang FZ, Chen YH, Zhang XD et al (2011) Nanometric cutting of single crystal silicon surfaces modified by ion implantation. CIRP Ann Manuf Techn 60(1):527–530
18. Gong H, Fang FZ, Hu XT (2010) Kinematic view of tool life in rotary ultrasonic side milling of hard and brittle materials. Int J Mach Tool Manu 50(3):303–307
19. Yuan D, Zhu P, Fang F et al (2013) Study of nanoscratching of polymers by using molecular dynamics simulations. Sci China Phys Mech 56(9):1760–1769
20. Ji J, Hu Y, Meng Y et al (2016) The steady flying of a plasmonic flying head over a photoresistcoated surface in a near-field photolithography system. Nanotechnology 27(18):185303
21. Ji J, Meng Y, Zhang J (2015) Optimization of structure parameters of concentric plasmonic lens for 355 nm radially polarized illumination. J Nanophotonics 9(1):093794
22. Ji J, Meng Y, Sun L et al (2016) Strong focusing of plasmonic lens with nanofinger and multiple concentric rings under radially polarized illumination. Plasmonics 11(1):23–27
23. Liu Z, Xia X, Sun Y et al (2012) Visible transmission response of nanoscale complementary metamaterials for sensing applications. Nanotechnology 23(27):275503

24. Li L, Sun W, Tian S et al (2012) Floral-clustered few-layer graphene nanosheet array as high performance field emitter. Nanoscale 4(20):6383–6388
25. Chen S, Cheng H, Yang H et al (2011) Polarization insensitive and omnidirectional broadband near perfect planar metamaterial absorber in the near infrared regime. Appl Phys Lett 99(25):253104
26. Zhou J, Lin L, Zhang L et al (2011) Molecule-assembled modulation of the photocurrent direction of TiO2 nanotube electrodes under the assistance of the applied potential and the excitation wavelength. J Phys Chemi C 115(34):16828–16832
27. Shan K, Zhou P, Cai J et al (2015) Electrogenerated chemical polishing of copper. Preci Eng 39:161–166
28. Wang C, Zhang HW, Zhang JF et al (2014) New strategy for electrochemical micropatterning of nafion film in sulfuric acid solution. Electrochi Acta 146:125–133
29. Fang Q, Zhou JZ, Zhan D et al (2013) A novel planarization method based on photoinduced confined chemical etching. Chem Commun 49(57):6451–6453
30. Zhou P, Kang R, Shi K et al (2013) Numerical studies on scavenging reaction in confined etchant layer technique. J Electroanal Chem 705:1–7
31. Zhou H, Lai LJ, Zhao XH et al (2014) Development of an electrochemical micromachining instrument for the confined etching techniques. Rev Sci Instrum 85(4):045122
32. Gu GY, Zhu LM, Su CY et al (2013) Motion control of piezoelectric positioning stages: modeling, controller design, and experimental evaluation. IEEE-ASME T Mech 18(5):1459–1471
33. Lai LJ, Zhou H, Du YJ et al (2013) High precision electrochemical micromachining based on confined etchant layer technique. Electrochem Commun 28:135–138
34. Xing J, Liu J, Zhang T et al (2014) A water soluble initiator prepared through host-guest chemical interaction for microfabrication of 3D hydrogels via two-photon polymerization. J Mater Chem B 2(27):4318–4323
35. Cao HZ, Zheng ML, Dong XZ et al (2013) Two-photon nanolithography of positive photoresist thin film with ultra-fast laser direct writing. Appl Phys Lett 102(20):201108
36. Lu WE, Zhang YL, Zheng ML et al (2013) Femtosecond direct laser writing of gold nanostructures by ionic liquid assisted multiphoton photoreduction. Opt Mater Exp 3(10):1660–1673
37. Liu X, Xu T, Wu X et al (2013) Top-down fabrication of sub-nanometre semiconducting nanoribbons derived from molybdenum disulfide sheets. Nat Commun 4:1776
38. Guo W, Liu X (2014) 2D materials: metallic when narrow. Nat Nanotech 9(6):413
39. Yin J, Zhang Z, Li X et al (2014) Waving potential in graphene. Nat Commun 5:3582
40. Guo W, Yin J, Qiu H et al (2014) Friction of low-dimensional nanomaterial systems. Friction 2(3):209–225
41. Xue G, Xu Y, Ding T et al (2017) Water-evaporation-induced electricity with nanostructured carbon materials. Nat Nanotech 12(4):317
42. Zhang Z, Li X, Yin J et al (2018) Emerging hydrovoltaic technology. Nat Nanotech 13(12):1109
43. Li L, Wang Q (2013) Spontaneous self-assembly of silver nanoparticles into lamellar structured silver nanoleaves. ACS Nano 7(4):3053–3060
44. Li F, Chen Y, Chen H et al (2011) Monofunctionalization of protein nanocages. J Am Chem Soc 133(50):20040–20043
45. Li F, Chen H, Zhang Y et al (2012) Three-dimensional gold nanoparticle clusters with tunable cores templated by a viral protein scaffold. Small 8(24):3832–3838
46. Chen Z, Lan X, Wang Q (2013) DNA origami directed large-scale fabrication of nanostructures resembling room temperature single-electron transistors. Small 9(21):3567–3571
47. Cheng X, Meng B, Chen X et al (2016) Single-step fluorocarbon plasma treatmentinduced wrinkle structure for high-performance triboelectric nanogenerator. Small 12(2):229–236

48. Chen X, Song Y, Chen H et al (2017) An ultrathin stretchable triboelectric nanogenerator with coplanar electrode for energy harvesting and gesture sensing. J Mater Chem A 5(24):12361–12368
49. Han M, Yu B, Qiu G et al (2015) Electrification based devices with encapsulated liquid for energy harvesting, multifunctional sensing, and self-powered visualized detection. J Mater Chem A 3(14):7382–7388
50. Liu W, Han M, Sun X et al (2014) An unmovable single-layer triboloelectric generator driven by sliding friction. Nano Energ 9:401–407
51. Zhang J, Yu J, Jaroniec M et al (2012) Noble metal-free reduced graphene oxide-Znx Cd1-x S nanocomposite with enhanced solar photocatalytic H2-production performance. Nano Lett 12(9):4584–4589
52. Zhang J, Yu J, Zhang Y et al (2011) Visible light photocatalytic H2-production activity of CuS/ZnS porousnanosheets based on photoinduced interfacial charge transfer. Nano Lett 11(11):4774–4779
53. Liu Q, Guo B, Rao Z et al (2013) Strong two-photon-induced fluorescence from photostable, biocompatible nitrogen-doped graphene quantum dots for cellular and deep-tissue imaging. Nano Lett 13(6):2436–2441
54. Xie G, Zhang K, Guo B et al (2013) Graphene-based materials for hydrogen generation from light-driven water splitting. Adv Mater 25(28):3820–3839
55. Li CJ, Xu GR, Zhang B et al (2012) High selectivity in visible-light-driven partial photocatalytic oxidation of benzyl alcohol into benzaldehyde over single-crystalline rutile TiO2 nanorods. Appl Catal B-Environ 115:201–208

Kapitel 8
Ausblick

Bingheng Lu, Jianbin Luo, Zhongqun Tian, Dongming Guo, Han Ding, Changzhi Gu, Zhihong Li und Ming Liu

Durch kontinuierliche Anstrengungen, die sich auf prinzipielle Innovation und Spitzentechnologie konzentrieren, hat dieser Major Research Plan Chinas Fertigungstechnologie von der Mikrofertigung zur Nanofertigung gefördert, die Grundlage für Chinas Nanofertigung gelegt und eine wichtige Rolle bei der Erfüllung der strategischen Mission in Chinas Fertigung und der Ausübung internationaler Einflussnahme im Bereich der Nanofertigung gespielt. Wie die Nanofertigung jedoch weiterhin Chinas wichtigste Strategien bedienen, das Flaschenhals-Problem

B. Lu (✉)
Xi'an Jiaotong Universität, Xi'an, Shaanxi, China
E-Mail: bhlu@mail.xjtu.edu.cn

J. Luo
Tsinghua Universität, Peking, China

Z. Tian
Xiamen Universität, Xiamen, Fujian, China

D. Guo
Dalian University of Technology, Dalian, Liaoning, China

H. Ding
Huazhong Universität für Wissenschaft und Technologie, Wuhan, Hubei, China

C. Gu
Institut für Physik, Chinesische Akademie der Wissenschaften, Peking, China

Z. Li
Tianjin Universität, Tianjin, China

M. Liu
Schule für Mikroelektronik, Universität für Wissenschaft und Technologie von China, Hefei, Anhui, China

B. Lu, *Grundlegende Forschung über die Herstellung von Nanopartikeln*,
https://doi.org/10.1007/978-3-662-69235-6_8

lösen, an die Spitze der internationalen Forschung führen und die Originalität und Sichtbarkeit der Ergebnisse verbessern kann, ist immer noch eine heiße Kartoffel, mit der wir konfrontiert sind. Wie man das vorgeschlagene theoretische Modell der Nanofertigung kontinuierlich verbessern und aufrüsten kann, ist immer noch eine technische Schwierigkeit, deren Bewältigung lange dauern wird.

Daher sollte China spezifische Forschung fördern und neue Nanofertigungsmethoden und neue Prozesse erforschen, um sich an die schnell expandierende Nanofertigungsforschung anzupassen; basierend auf der gebildeten interdisziplinären Forschungsgruppe sollten wir vollständig zusammenarbeiten und uns auf die Flaschenhals-Technologie konzentrieren, um Chinas großen strategischen Bedürfnissen zu dienen. Darüber hinaus sollten wir das Nanofertigungsforschungsteam stabilisieren und weiterentwickeln und eine integrierte Innovationsplattform für nachhaltige Entwicklung etablieren. Bei der zukünftigen Gestaltung der Nanofertigung sollten chinesische Forscher ihre ursprünglichen Bestrebungen nicht vergessen und voranschreiten. Basierend auf den Forschungsergebnissen des großen Nanofertigungsforschungsplans sollten sie die Fertigungsskala auf die atomare Skala erweitern und die Theorien und Schlüsseltechnologien erforschen, die die atomare Fertigung unterstützen, den Mechanismus der atomaren Fertigung für eine breite Palette von Materialien klären und Prozesse und Ausrüstung auf Basis der oben genannten neuen Prinzipien etablieren. So realisieren wir mehrere international führende Nanofertigungstheorien und Technologien.

8.1 Die Mängel und strategischen Bedürfnisse von Chinas Nanofertigung

8.1.1 Die Mängel von Chinas Nanofertigung

1. **Unzureichende Anwendung der Ergebnisse und ungelöste Flaschenhals-Probleme**

Die meisten der neuen Prinzipien, neuen Methoden, neuen Prozesse und anderen Errungenschaften, die in diesem Großforschungsplan gebildet wurden, haben noch keine industriellen Anwendungen erhalten, und der Beitrag zur Flaschenhals-Technologie muss weiter verbessert werden. Mit dem Ziel, die aktuellen Flaschenhals-Technologien (wie Chipfertigung und High-End-Ausrüstungsfertigung) und mögliche zukünftige Flaschenhals-Technologien (wie künstliche Intelligenz und Gentechnik) zu lösen, werden die Engpassprobleme von den Prinzipien, Methoden und Technologien verfeinert und Lösungen bereitgestellt, um die neuen Bedürfnisse der großen nationalen Wissenschaft/Technik (Weltraum, Tiefsee und tiefer Boden) in der Zukunft zu erfüllen.

Für Bereiche wie die Bearbeitungs- und Charakterisierungstechnologie und Ausrüstung von Nanobauteilen, die derzeit relativ rückständig sind, aber für den zukünftigen industriellen Wettbewerb von entscheidender Bedeutung sind, müssen wir, orientiert an Chinas aktuellen strategischen Bedürfnissen, die Einsatzbereitschaft stärken und uns bemühen, Technologien, die die Entwicklung der Nanotechnologie einschränken, so schnell wie möglich zu durchbrechen und an die internationalen Spitze zu gelangen.

2. **Ursprüngliche Ergebnisse müssen in der Nanofertigung gestärkt werden**

Die moderne fortgeschrittene Fertigungswissenschaft und -technologie unterscheidet sich von traditionellen Fertigungstheorien und technischen Kategorien und stützt sich stärker auf neue wissenschaftliche Prinzipien und theoretische Grundlagen. Derzeit sind die neuen Prinzipien und neuen Methoden der Nanofertigung in China etwas schwach. Relevante wissenschaftliche Forscher müssen die ursprüngliche Innovationsfähigkeit kräftig verbessern, die wissenschaftliche Vorstellungskraft voll ausschöpfen, die Kommandohöhen der ursprünglichen Innovationsstrategie ergreifen und unsere nationale Nanofertigungstheorie von der „Verfolgungs"-Ebene zur „Führungs"-Ebene entwickeln.

3. **Tiefgreifende interdisziplinäre Multidisziplin muss weiter erforscht werden**

Nanofertigung ist ein Grenzgebiet, in dem mehrere Disziplinen tief ineinandergreifen. Für eine weitere Entwicklung ist es notwendig, dass wir die Zusammenarbeit und Forschung in den Bereichen Fertigung und Mechanik, Chemie, IT, Energie, Elektronik, Biologie usw. kräftig stärken, eine tiefgreifende Überschneidung auf der wissenschaftlichen Theorieebene durchführen und die Fähigkeit zur Bewältigung großer wissenschaftlicher Fragen und gemeinsamer Schlüsseltechnologien bilden. So werden wir zu einem Innovationszentrum der Weltklasse und fördern die Entwicklung der chinesischen Nanofertigungstechnologie.

4. **Unterstützung für aufstrebende Felder muss dringend verbessert werden**

Mit der Forschung und Entwicklung neuer Materialien, neuer Energien, Ausrüstungsfertigung, IT, Luft- und Raumfahrt, Umweltschutz, Medizin und Gesundheit als treibende Kraft ist unsere Nation bestrebt, Nanofertigungs- und Charakterisierungstechnologie zu entwickeln und einen hohen Grad von Überschneidungen und Integration von Nanofertigungstechnologie zu verwirklichen. Darüber hinaus werden wir weiterhin Anstrengungen unternehmen, um die Etablierung von Standards für Nanoprozess- und Charakterisierungstechnologien zu erforschen, die Industrie zu bedienen und die Führungs- und Servicefunktionen einer großen Plattform zu realisieren.

8.1.2 Die Entwicklungsstrategie Chinas

8.1.2.1 Nanofertigung

1. **Stärkung der Interdisziplinarität** der **Grundlagenforschung und Betonung der Bedeutung von Innovation an der Quelle**

Mit Blick auf die Pionierforschungsbereiche in der Nanofertigung, die zu bedeutenden Innovationen führen und die zukünftige Entwicklung tiefgreifend beeinflussen können, sind wir bestrebt, neue wichtige wissenschaftliche Fragen zu stellen, neue interdisziplinäre Felder zu bilden, originelle grundlegende Spitzenforschung durchzuführen und sind bemüht, bedeutende wissenschaftliche und technologische Errungenschaften zu erzielen, die die menschliche Zivilisation und den sozialen Fortschritt beeinflussen. Wir widmen uns der Integration der Forschungsstärke und Forschungsgrundlage der Nanofertigungsprojekte, die bereits etabliert wurden, und konzentrieren uns auf die Bewältigung von Schlüsselproblemen, die Lösung von großen herausfordernden wissenschaftlichen Problemen oder Durchbrüche in wichtigen Anwendungstechnologien. Wir legen Wert auf die Förderung der Überschneidung und Integration mehrerer Disziplinen, stärken die Querkooperation von Nanotechnologie und IT, Biologie, Energie, Umwelt und anderen Bereichen und entwickeln Schlüsseltechnologien mit unabhängigen geistigen Eigentumsrechten.

2. **Vertiefung der Nanofertigungsforschung und Stärkung der unterstützenden Rolle der großen nationalen Wissenschaft und des Ingenieurwesens**

Wir sollten die strategischen Bedürfnisse von Chinas wirtschaftlicher, sozialer und technologischer Entwicklung tiefgehend analysieren, die nationale Zielorientierung stärken und einen soliden Koordinationsmechanismus etablieren. Im Bereich der Grundlagenforschung müssen Wissenschaftler Artikel in den weltweit führenden wissenschaftlichen Zeitschriften veröffentlichen, um dem Heimatland an der Spitze der Weltwissenschaft und -technologie Ruhm zu verschaffen. Im Bereich der Anwendung und Entwicklung müssen Wissenschaftler Schlüsselprobleme lösen, die sich auf die nationale wirtschaftliche und soziale Entwicklung beziehen und wissenschaftliche Arbeiten über das Land des Heimatlandes verfassen und zur Modernisierung Chinas beitragen. Mechanismusforschung wird mit Anwendung kombiniert und speziell in großen nationalen Forschungsaufgaben umgesetzt, um Beiträge zur Entwicklung der internationalen Spitzenfertigung und zur Bewältigung von großen nationalen Bedürfnissen zu leisten.

3. **Stärkung der Unterstützung für aufstrebende Bereiche**

Nanofertigung ist die Grundlage der nächsten Generation von Hochleistungscomputern und IT. Die Entwicklung von integrierten Nanosensorsystemen usw. bietet starke technische Unterstützung für das IT-Feld und bestimmt die zukünftige

Entwicklungsrichtung von Chinas Mikroelektronikindustrie und die Entwicklung der chinesischen Fertigung zur chinesischen Kreation. Im Bereich des Umweltschutzes und der Energie wird die Nanofertigungstechnologie neue Lösungen für Umweltschutzanwendungen und den weltweiten Bedarf an neuen Energien liefern; im Bereich der Luft- und Raumfahrt kann die Entwicklung von Nanofertigungstechnologie nicht nur die Nutzlast erhöhen, sondern auch den spezifischen Energieverbrauch senken. Es wird auch erwartet, dass leichte, hochfeste und thermisch stabile Materialien für das Design und die Herstellung von Flugzeugen, Raketen, Raumstationen und Planeten-/Sonnenerkundungsplattformen entwickelt werden. Im Bereich der Verteidigung, Sicherheit und militärischen Anwendungen wird die Nanofertigungstechnologie entwickelt, insbesondere die weitere Entwicklung des elektromechanischen Systems wird technische Unterstützung für die Entwicklung von Chinas Militär und nationaler Verteidigung sowie für die Fertigung und Produkt-Upgrades von militärisch-industriellen Unternehmen sein und eine technische Grundlage für Militärwissenschaftler und Techniker zur Entwicklung von Nanowaffen legen.

8.2 Ideen und Vorschläge für die kontinuierliche Forschung zur Nanofertigung

8.2.1 Ideen für die kontinuierliche Forschung zur Nanofertigung

Mit dem explosiven Anstieg des technologischen Niveaus und der Förderung von den inhärenten Bedürfnissen der sozialen und wirtschaftlichen Entwicklung begnügt sich die Nanofertigung nicht mehr nur mit der Entwicklungsrichtung einer einzigen Dimension wie der Fertigungsskala, sondern entwickelt sich allmählich in die Richtung einer skalenübergreifenden und multimateriellen Fertigung.

In Bezug auf die Fertigungsgenauigkeit nähert sie sich weiter den physikalischen Grenzen der aktuellen Fertigungsmethoden; in Bezug auf Fertigungsskala entspricht ihr Streben den Anforderungen von Makrosystemen; in Bezug auf das Materialsystem hat sie sich von Silizium-basierten Halbleitern zu einer Vielzahl von Halbleitermaterialien-Gruppen (III–V, II–VI) entwickelt, die auf Kohlenstoff basieren, Polymere, niedrigdimensionale Strukturmaterialien usw. In den letzten Jahren versucht die Nanofertigungstechnologie in Kombination mit anderen Fertigungstechnologien, auch keramische Materialien und Massenmetallmaterialien für die Herstellung von nanofunktionalen Strukturen zu entwickeln. Darüber hinaus macht die hochpräzise Fertigung von Halbleitermaterialien es den Menschen möglich, Ladungen frei zu manipulieren, was eine solide Grundlage für die rasche Entwicklung der IT-Industrie schafft. Nanofertigung erweitert die menschlichen Fertigungsfähigkeiten auf das atomare Niveau. Sie bietet nicht nur einen neuen Weg für Präzisionsfertigung, sondern auch eine technische Garantie für Ingenieure, neue

Materialien und Strukturen mit hervorragender Leistung auf atomarer und molekularer Ebene entwickeln zu können. Wenn die Nanofertigung effektiv die Fertigung über verschiedene Skalen hinweg kombinieren kann, um eine effektive Kontrolle von Ionen, Photonen und Phononen zu erreichen, dann wird die Nanofertigung viele neue Produkte mit disruptiven Technologien schaffen.

Gemäß dem internationalen Entwicklungstrend der Nanofertigung, kombiniert mit Chinas aktuellem Stand und Grundlage der Nanofertigung, beinhaltet Chinas Forschung zu möglichen Durchbrüchen im Bereich der Nanofertigung in den nächsten 10 bis 30 Jahren die folgenden Aspekte.

1. **Fertigung auf atomarer Ebene nähert sich** physikalischen Grenzen

In der Zukunft wird die Präzision und Skalierung der Nanofertigung vollständig auf die atomare Ebene erweitert. Die Fertigung auf atomarer Ebene ist die Fertigung auf der Bearbeitungsskala auf atomarer Ebene, einschließlich subtraktiver Fertigung auf atomarer Ebene (Entfernung von Atomlagen, physikalische/chemische Bindungssteuerung) und additiver Fertigung auf atomarer Ebene (kontrollierbare Montage und Wachstum auf atomarer Skala), Aufbau neuer Materialien aus der atomaren Skala, neue Struktur und neue Leistung, Erweiterung der Fertigungspräzision und Skalierung von „Nano“ zu „Atom“. Die „Nanotechnologie-Entwicklungsforschung“ der National Science Foundation, das „Atom to Product“(A2P)-Projekt der US Defense Advanced Research Projects Agency und der Nanofertigungsplan 2020 der EU etc. listen alle „atomare Fertigung“ als die Entwicklungsstrategie für die nächsten 10 bis 20 Jahre auf.

Zum Beispiel bietet die Fertigung auf atomarer Skala die technische Machbarkeit für die Manipulation von Ionen. Der selektive Transport von Ionen durch Membranen ist der wichtigste Transportprozess im Leben. Nach natürlicher Evolution ist eine grundlegende Eigenschaft von Ionenkanälen die Erreichung des selektiven Transmembrantransports; in den letzten 20 Jahren haben Menschen den Transmembrantransport von Ionen simuliert. Während des Transportprozesses wurde die Machbarkeit von Meerwasserentsalzung, Meerwasserstromerzeugung und Ionenbatterien mit hoher Energiedichte erforscht. Das Problem, das den ionenselektiven Transport plagt, ist die hochpräzise Nanofertigungstechnologie. Der Unterschied der verschiedenen Ionenradien beträgt 0,1–0,3 nm. Wenn die Fertigungspräzision ein Subnanometer erreichen kann, bietet dies einen Weg für die schnelle Entwicklung neuer Energietechnologien. Darüber hinaus, wenn eine Massenfertigung von Ionenkanälen mit hoher Präzision und einer Merkmalsgröße unter 2 nm erreicht werden kann, wird dies nicht nur die Möglichkeit für die Ionenauswahl bieten, sondern auch disruptive Technologien für die Gensequenzierung und Proteinsequenzierung bereitstellen. Die auf Nanoporen basierende Einzelmolekül-Lesetechnologie kann die Sequenz schnell ohne Verstärkung lesen. Durch das direkte Lesen des elektrischen Signals der Basensequenz, die durch die Nanopore geht, kann die Basensequenz bestimmt werden. Dies wird als die nächste Generation der kostengünstigsten und wettbewerbsfähigsten Technologie unter den Gensequenzierungs- und Proteinsequenzierungstechnologien betrachtet.

Darüber hinaus sind herkömmliche Nanofertigungsmethoden und -technologien hauptsächlich durch planare Nanofertigung gekennzeichnet, d. h. um die Nanopräzision in der Fertigungsebene zu gewährleisten. „Kohlenstoff"-Fertigung nimmt neue 2D- und Quasi-2D-Materialien als Ausgangspunkt und nutzt die Subnanometer-Präzision von 2D-Materialien außerhalb der Fertigungsebene, um eine neue, groß angelegte, 3D-Nanoskala-kontrollierbare Makro-, Mikro- und Nanofertigungsmethode zu entwickeln. Angesichts der hervorragenden Leistung von zweidimensionalen Materialien in Bezug auf strukturelle Stabilität, elektrische Leitfähigkeit, Wärmeleitfähigkeit, Biokompatibilität usw. sowie der spezifischen Reaktion auf elektrische, optische, magnetische und andere externe Felder kann vorausgesehen werden, dass großskalige Kohlenstofffertigung auf der Basis von 2D-Materialien disruptive Anwendungen in wichtigen Bereichen wie Energie, IT, Leben und neue Materialien erreichen wird.

Mit der Finanzierung dieses Großforschungsplans haben chinesische Forscher die atomare Skala in der elektronischen gesteuerten Fertigung, in chemisch-mechanischem Polieren und anderen Aspekten der Bearbeitung erreicht und wichtige Durchbrüche erzielt. Die Fertigung auf atomarer Ebene für zukünftige Anwendungen, basierend auf den vorherigen Ergebnissen, konzentriert sich auf die Entwicklung: (i) Die erste Entwicklung ist die Quantenfertigungstheorie der Elektronen/Ionensteuerung. Es geht um eine tiefgreifende Interaktion mit der Physik, die Entwicklung der Quantenfertigungstheorie, die Entwicklung der nichtmetallischen Ultrakurzpulslaserfertigung zur metallischen elektronischen gesteuerten Fertigung und Erfüllung der extremen Fertigungsbedürfnisse zukünftiger Strategien. (ii) Die zweite Entwicklung ist die Theorie der Fertigung mittels Auflösung chemischer Bindungen. Durch die intensive Zusammenarbeit mit chemischen Disziplinen hat sich das chemisch-mechanischen Polieren zu einer breit gefächerten Materialienfertigungsmethode mit einer universelleren chemischen Bindungsstruktur und -rekonstruktion entwickelt.

2. Großskalige Präzisionsfertigung für universelle Objekte

Die Entwicklung der Nanofertigungstechnologie hat einen langen Prozess durchlaufen, von natürlich vorkommenden Nanomaterialien zu künstlich manipulierten Atomen und Molekülen von Nanomaterialien und Bauteilen. Dies ist ein Prozess von unbewusst zu bewusst, von der Konzeption über den theoretischen Durchbruch bis zur Fertigungsanwendung. In diesem Prozess ist die Innovation in den Fertigungsmethoden die Voraussetzung und Grundlage für die Erreichung einer hochrangigen Nanofertigung. Mit der Finanzierung dieses Großforschungsplans haben Forscher wichtige Durchbrüche in der Lasermikronanofertigung und in der Nanoimprint-Technologie erzielt. Angesichts der zukünftigen Bedürfnisse der Nanofertigung, die Anwendung weiter auszudehnen, sollte die Entwicklung basierend auf den vorherigen Ergebnissen fokussiert werden: (i) Die erste Entwicklung ist die Präzisionsfertigung. Am Beispiel der Hochenergiestrahlfertigung sollte der Schwerpunkt darauf liegen, wie die Steuerung des Hochenergiestrahlpunkts, des Abschusswinkels, der Energiedichte, des Abschusswinkels und anderer Parameter effektiv und genau realisiert werden kann, um den zukünftigen Anforderungen an die ultrapräzise Fertigung auf atomarer Ebene gerecht zu werden. (ii) Die zweite Entwicklung ist die universelle Fertigung.

Derzeit ist die effektive Anwendung von Nanofertigungsmethoden nur für ein oder eine begrenzte Anzahl von spezifischen Materialsystemen möglich. Die Verbesserung der Universalität und der großmaßstäblichen Nanomanufacturing-Prozesse und -Technologien für eine Vielzahl von Materialien ist von entscheidender Bedeutung für die künftige Entwicklung des Nanomanufacturing für eine breite Palette von Anwendungen und wird auch eine wichtige Forschungsaufgabe für die Zukunft sein.

3. **Nanofertigung, um den neuen Bedürfnissen der sozialen Entwicklung gerecht zu werden**

Die grundlegende wissenschaftliche Forschung der Mikronanofertigung ist die Grundlage zur Unterstützung der Anwendung von Nanotechnologie, und schnelle Entwicklung wurde in den Bereichen Sensorik und Prüfung, neue Energieentwicklung, Energieumwandlung und -speicherung und Biotechnologie erreicht. Mit der Finanzierung dieses Major Research Plan haben Forscher eine Reihe von Nanofertigungsprozessen entwickelt, die für das Polieren für den Chipprozess, das Polieren von Linsen für Lithografiemaschinen, die Target-Ball-Mikrolochung, zweidimensionale Messgitter im Meterbereich und Oberflächen von Raumfahrzeugen eingesetzt werden. Große nationale wissenschaftliche/technische Aufgaben wie mehrschichtige Mikronanostrukturoberflächen bieten eine theoretische und technische Grundlage für die Verbesserung des Niveaus der Nanofertigungstechnologie und Ausrüstung in China. Die endlose wissenschaftliche Entwicklung hat die Grundlage für die kontinuierliche Innovation von technologischen Produkten gelegt, und gleichzeitig hat sie kontinuierlich höhere Anforderungen an den technologischen Fortschritt gestellt. Zum Beispiel haben die unermüdlichen Bemühungen von Physikern das Niveau der menschlichen Manipulation von makroskopischen Quantenzuständen kontinuierlich auf neue Rekorde gesetzt, und Quantencomputer sind allmählich möglich geworden, ausgehend von dem von Richard Feynman vorgeschlagenen Konzept. Es ist vorhersehbar, dass die Popularisierung und Anwendung von Quantencomputern in der Zukunft untrennbar mit der Innovation der Nanofertigungstechnologie verbunden sein wird. Die Nachfrage nach großtechnisch und kostengünstig hergestellten Nanofasern, nach verwandten funktionalen Nanostruktureinheiten und Bauteilen wird genauso sein wie unsere heutige Nachfrage nach Chips. Die neue Generation von Nanofertigungstechnologie, die den neuen Bedürfnissen der Entwicklung der menschlichen Gesellschaft gegenübersteht und die neue Generation von Nanometern und nanodetektionsbezogene Theorien, Technologien und Ausrüstungen, die daraus abgeleitet werden, werden zweifellos der zukünftige Forschungstrend sein.

4. **Gehirnähnliche intelligente Fertigung, die Biowissenschaften imitiert**

Die Hauptschwierigkeit der Nanofertigung für die Biowissenschaften liegt in den Materialien mit „lebendigen" funktionalen Eigenschaften. Es ist allgemein schwierig, mit den bestehenden Nanofertigungsmethoden zu bearbeiten, und neue Bearbeitungsmethoden müssen erforscht werden; zusätzlich ist die „Lebensdauer“-Funktionseigenschaft der Prozessaufbewahrung auch ein Problem der Nanofertigung in der aktuellen Biowissenschaft. Biologische Körper haben starke Selbstreparaturfähigkeiten, aber Nanobauteile werden von Faktoren wie Wärme, Maschinen und Chemie beeinflusst. Während des Anwendungsprozesses wird die Struktur und Form gebrochen, und die Lebensdauer und mechanischen Eigenschaften sind betroffen. Durch Nachahmung des Prinzips der biologischen Selbstreparatur von Schäden ist das intelligent sich selbst reparierende Mikronanobauteil ein wichtiger Entwicklungstrend in der Zukunft. Intelligente Mikronanobauteile auf der Basis von selbstheilenden Materialien können weit verbreitet in Bereichen einschließlich militärischer Ausrüstung, elektronischer Produkte, Autos und Flugzeuge verwendet werden. Dieser technologische Durchbruch ist von großer Bedeutung für die Aufrechterhaltung der nachhaltigen Entwicklung der Gesellschaft. Die internationale Nanofertigungsmacht hat eine strategische Layout für gehirnähnliches Biomanufacturing: Im Jahr 2013 startete die Europäische Union das „Human Brain Engineering“, das mehr als 120 Universitäten zusammenbrachte, um Schlüsselprobleme gemeinsam zu erforschen und investierte mehr als 1 Mrd. EUR; im Jahr 2014 setzten die Vereinigten Staaten das „Brain Project“ ein, das von NIH, NSF, DARPA, FDA, IARPA und anderen Institutionen finanziert wurde, und es wird geschätzt, dass die Investition in den nächsten 10 Jahren 4,5 Mrd. US$ für die Durchführung von gehirnähnlichen biologischen Fertigungsforschung überschreiten werden; die Vereinigten Staaten starteten das „Precision Medicine Program“ im Jahr 2015, das eines der vier NIH-Prioritätsinvestitionsprojekte war. Im Jahr 2016 wurden 215 Mio. US$ in die Erforschung gehirnähnlicher Technik und in die Nanopräzisionsmedizin investiert.

Die internationale Nanofertigungsmacht hat ein strategisches Layout für gehirnähnliches Biomanufacturing gemacht. Zu Beginn des Projekts hat dieser Major Research Plan sich auf die tiefe Überschneidung von Nanofertigung und Biologie, Chemie, IT und andere Bereiche fokussiert. Eine Reihe von Durchbrüchen wurde in gehirnähnlichen intelligenten Geräten und bionischer Fertigung gemacht. Das gehirnähnliche Bio-Manufacturing für zukünftige Anwendungen kann tief mit den Lebenswissenschaften interagieren, um menschliche Ersatzorgane, 5D-Additivfertigung und Nachahmung „DNA“-Fertigungstheorien zu entwickeln; die gehirnähnliche Gerätefertigungsmethode basierend auf dem zufälligen neuronalen Netzwerk wird das gehirnähnliche Gerät ermöglichen. Das Korrelationsmodell wird zur zufälligen Netzwerkverbindung entwickelt, was die Intelligenz von gehirnähnlichen Geräten von unten verbessert; es kombiniert die Prinzipien des biologischen Wachstums unter Verwendung von Umweltstoffen und Energie unter genetischer Kontrolle mit atomarer Fertigungstechnologie, entwickelt die Theorie der bionischen atomaren Fertigung und erforscht neue Material- und Energiemöglichkeiten sowie die kontrollierte Nutzung und Umwandlung und die bionische Fertigung von gehirnähnlichen intelligenten Systemen.

8.2.2 *Vorschläge für die kontinuierliche Forschung zur Nanofertigung*

Die weitere Entwicklung der Nanofertigung erfordert die Stärkung der Grundlagenforschung, die Integration tiefer chemischer Disziplinen, die Realisierung von ursprünglichen Innovationen und die Konzentration auf die Lösung des Flaschenhals-Problems in Reaktion auf die Bedürfnisse der Entwicklungsstrategie des Landes und die Vorhersage des neuen Flaschenhals-Problems, die Bildung einer zukünftigen zentralen Austauschtechnologie. Die Hauptempfehlungen sind wie folgt.

Wir sollten die Grundlagenforschung stärken und ursprüngliche Innovationen realisieren. Die Ingenieurforschung betont zunächst kreative Ingenieurwissenschaften (neue Materialien, neue Strukturen, neue Maschinen, neue Medikamente usw.) und betont zweitens die Verdichtung und Lösung von wichtigen wissenschaftlichen Problemen. Nicht nur als Beitrag zur Lösung des aktuellen Flaschenhals-Problems, sondern auch um das mögliche Flaschenhals-Problem in den nächsten 10 bis 30 Jahren vorherzusagen, sollte Grundlagenforschung durchgeführt werden, um nicht wieder „stecken zu bleiben". Darüber hinaus sollte die Bildung der selbst entwickelten zentralen Nanofertigungstechnologie des Landes beschleunigt die Forschungsbemühungen zu unabhängiger Software, unabhängige Forschung und Entwicklung von wissenschaftlichen Forschungsinstrumenten, Gerätetechnologie usw. verstärkt werden, und es sollten Kerntechnologien entstehen, die mit anderen mächtigen Ländern der Welt ausgetauscht werden können.

Wir sollten die interdisziplinäre Zusammenarbeit vertiefen und die Zusammenarbeit mit Spitzenfächern wie Materialien, Biologie und KI stärken. Im Schnittpunkt mit der Materialwissenschaft können wir aktiv die Bereiche der additiven/subtraktiven atomaren Fertigung, der Materialgenomik, der selbstheilenden Materialien usw. erforschen. Darüber hinaus können wir andere dimensionale Parameter im Materialherstellungsprozess einführen und 4D- oder sogar 5D-Funktionen entwickeln. Durch die Überschneidung mit den Biowissenschaften kann die Fertigung mit biologischen Systemfunktionen (Gehirnnerven, Zellteilung und Differenzierung usw.) in Einklang gebracht werden, was zur Förderung der Entwicklung und Verbesserung der Präzisionsmedizin und gehirnähnlichen Programme beiträgt und auch eine positive Rolle bei der Förderung der Entwicklung von neuronalen Netzwerkchips und Quantencomputerchips spielt.

Wir sollten den großen nationalen strategischen Bedürfnissen dienen, die ursprüngliche Forschung stärken und internationale Führungspositionen erreichen. Für reife wissenschaftliche und technologische Errungenschaften sollten wir die Entwicklung von technologischen Durchbrüchen beschleunigen, wie z. B. die Aufnahme in den nationalen Schlüsselforschungs- und Entwicklungsplan oder die Gestaltung von großen speziellen mittleren und großen wissenschaftlichen Projekten. Darüber hinaus ist zu hoffen, dass das Land mehr Industrialisierungspolitik für die

Umsetzung neuer Technologien fördert, die kombinierten Vorteile aufstrebender Industrien, Industrien und lokaler Regierungen voll ausschöpft und die multisektoralen Kräfte des Landes bündelt, um einen ausgereiften Prozess der Technologieindustrialisierung zu erreichen und wichtige nationale wissenschaftliche/technische Probleme sowie das Flaschenhals-Problem effektiv zu lösen.

Stichwortverzeichnis

B. Lu (Hrsg.), *Grundlegende Forschung über die Herstellung von Nanopartikeln*,
https://doi.org/10.1007/978-3-662-69235-6

O

P

Q

R

S

T

FSC
www.fsc.org
MIX
Papier | Fördert gute Waldnutzung
FSC® C083411

Kolibri 360 GmbH
Ferdinand-Jühlke-Straße 7
99095 Erfurt, Deutschland
produktsicherheit@kolibri360.de